Gaurav Saini

Estudo da microperfuração eletroquímica de MMC Al/10 vol% Al2O3

Gaurav Saini

Estudo da microperfuração eletroquímica de MMC Al/10 vol% Al2O3

ScienciaScripts

Imprint

Cover image: www.ingimage.com

This book is a translation from the original published under ISBN 978-3-659-77402-7.

Publisher:
Sciencia Scripts
is a trademark of
Dodo Books Indian Ocean Ltd. and OmniScriptum S.R.L publishing group

120 High Road, East Finchley, London, N2 9ED, United Kingdom
Str. Armeneasca 28/1, office 1, Chisinau MD-2012, Republic of Moldova, Europe
Printed at: see last page
ISBN: 978-620-8-08764-7

ÍNDICE DE CONTEÚDOS:

CAPÍTULO 1

1.1 Introdução

Com o rápido crescimento dos materiais de engenharia na direção do metal para o não-metal e, posteriormente, para a cerâmica e os compósitos, a indústria moderna exige materiais avançados, independentemente da sua dureza, tenacidade, configuração, microestrutura e outras propriedades de engenharia. Os materiais de engenharia avançados estão a tornar-se gradualmente materiais muito importantes para o seu âmbito e utilização em indústrias de produção avançadas devido à sua elevada resistência à fadiga, resistência ao choque térmico, elevada relação resistência/peso, etc. Devido a estas propriedades superiores, os materiais compósitos de engenharia têm tido amplas aplicações industriais na produção de veículos aéreos não tripulados (UAV), veículos aéreos compactos não tripulados (UCAV), automóveis de alto desempenho, tanques e tubos de fibra de vidro, aeronaves civis, pás de turbinas eólicas, materiais compósitos de alta temperatura. O nce, é essencial para o desenvolvimento de um método de maquinação eficiente e preciso para o processamento de materiais compósitos avançados. No entanto, o processo eletroquímico é um dos melhores métodos para maquinar materiais duros como o carboneto, o compósito e todos os materiais duros condutores de eletricidade. Para satisfazer os requisitos de maquinagem de materiais tão importantes como o óxido de silício, o óxido de bário, etc., é essencial desenvolver um novo método de maquinagem, uma vez que os métodos tradicionais de produção de peças compósitas por processo de fundição não satisfazem os requisitos de tolerâncias necessárias e outras caraterísticas de precisão dimensional mais próximas na prática. Não só isso, mas também a produção de furos passantes e cegos, ranhuras, ranhuras e contornos de formas estranhas em peças compósitas também têm sido difíceis de obter com o processo tradicional. Por conseguinte, é essencial terminar a peça ou o produto fabricado em materiais compósitos de engenharia com processos de maquinagem subsequentes. Para uma maquinação eficaz de materiais compósitos de engenharia, por exemplo, Al/10vol%Al2O3MMC com elevada eficiência e integridade da superfície, o processo eletroquímico é um dos processos mais eficazes. A máquina de micro-perfuração eletroquímica desenvolvida foi utilizada para fazer micro-perfurações em materiais Al/10vol%Al2O3MMC e, subsequentemente, analisou as caraterísticas de desempenho da maquinação em relação a vários parâmetros da EMD.

1.2 Maquinação eletroquímica (ECM)

A maquinagem eletroquímica é um processo de remoção de material semelhante ao polimento elétrico. Neste processo, a peça a ser maquinada é transformada no ânodo e a ferramenta é transformada no cátodo de uma célula electrolítica, sendo utilizada uma solução salina como eletrólito. A ferramenta é normalmente feita de cobre, latão ou aço inoxidável. A ferramenta e a peça de trabalho estão localizadas de modo a que exista uma distância entre elas de 0,1 mm a 0,6 mm (1). A ferramenta é concebida de modo a ser exatamente o inverso da peça a maquinar. Quando se aplica uma diferença de potencial entre os eléctrodos e, posteriormente, quando existe energia eléctrica adequada entre a ferramenta e a peça, os iões metálicos positivos deixam a peça. Uma vez que os electrões são removidos da peça, ocorre uma reação de oxidação no ânodo que pode ser representada como

$$M \rightarrow Mn+ + ne- \quad (1)$$

em que n é a valência do metal da peça de trabalho. O eletrólito aceita estes electrões, resultando numa reação de redução que pode ser representada como

$$nH\ O + ne- \rightarrow n\ H + nOH- \quad (2)$$

Deste modo, os iões positivos do metal reagem com os iões negativos do eletrólito formando hidróxidos e, assim, o metal é dissolvido formando um precipitado. O eletrólito é constantemente lavado no espaço entre a ferramenta e a peça de trabalho para remover os produtos de maquinagem indesejados que, de outra forma, poderiam criar um curto-circuito entre os eléctrodos. O eletrólito também transporta o calor e as bolhas de hidrogénio. A ferramenta avança na peça de trabalho para ajudar na remoção do material (2). A Figura 1 apresenta um esquema de uma célula utilizada na maquinagem eletroquímica.

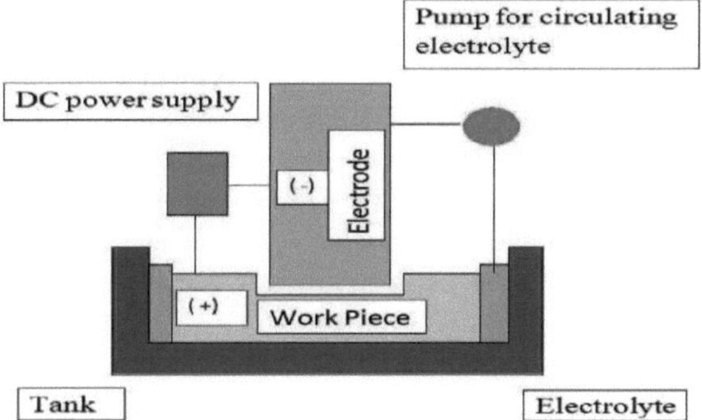

Figura 1
Esquema da ECM

Existem várias configurações de processo que podem ser selecionadas com base nos requisitos e nas capacidades da máquina. As várias configurações são:

1. Tanto a ferramenta como a peça de trabalho estão paradas.
2. A ferramenta recebe movimentos lineares e rotativos enquanto a peça de trabalho está parada.
3. Tanto a ferramenta como a peça de trabalho deslocam-se.

1.2.1. Vantagens da maquinagem eletroquímica

A maquinação eletroquímica oferece várias vantagens em relação a outras tecnologias concorrentes. Estas vantagens tornaram a ECM a melhor escolha para uma variedade de aplicações.

As vantagens:

a. Não há desgaste da ferramenta, uma vez que o modo de trabalho sem contacto evita problemas como a deformação elástica, a vibração e a rutura (3).
b. Elevada taxa de remoção de material.
c. Capacidade de maquinar uma grande variedade de materiais sem afetar a microestrutura ou as propriedades da superfície.

d. Não gera calor durante a maquinagem.
e. É possível cortar, furar, rebarbar e moldar.
f. Facilidade de maquinação de elementos complexos.
g. Superfície maquinada sem tensões.

1.3. Aplicações da maquinagem eletroquímica

A maquinação eletroquímica encontra a maioria das suas aplicações na rebarbação, perfuração e modelação.

1.3.1. Rebarbagem

As rebarbas são indesejáveis em qualquer peça maquinada, mas são ao mesmo tempo inevitáveis. A rebarbação manual dos componentes maquinados é um processo moroso e pouco eficaz (2). A maquinagem eletroquímica, com as suas vantagens inerentes, é uma escolha adequada para a remoção de rebarba. É utilizada uma ferramenta de face plana para remover as asperezas da superfície da peça de trabalho. À medida que a ferramenta é movida lentamente em direção à superfície da peça de trabalho, encontra primeiro as rebarbas. Uma vez que a ferramenta é relativamente grande em comparação com as rebarbas e as densidades de corrente são elevadas nos picos das rebarbas, estas são maquinadas em primeiro lugar, o que é um processo rápido e simples de controlar. As densidades de corrente no cátodo e no pico das rebarbas à medida que a maquinagem progride são mostradas na Figura 2.

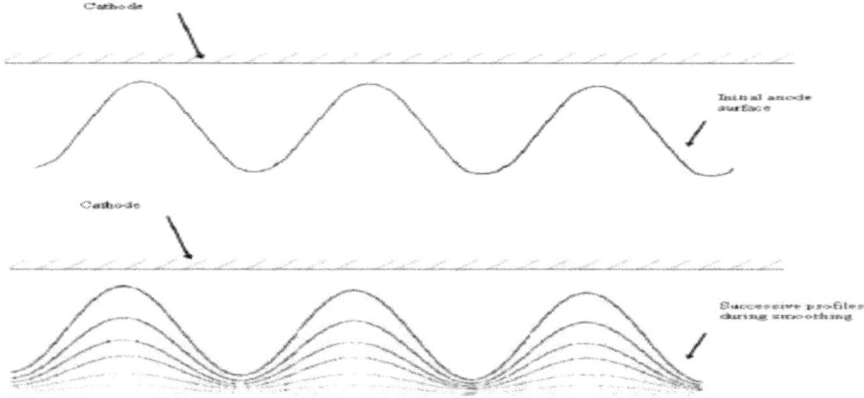

Figura 2 Densidades de corrente no cátodo e nas rebarbas (2)

1.3.2. Perfuração de furos

A maquinação eletroquímica pode ser utilizada para maquinar um único furo ou uma série de furos com as mesmas caraterísticas. A ferramenta é concebida de modo a que haja um fluxo de eletrólito à volta e ao longo do comprimento do elétrodo ou através de um orifício no interior do elétrodo para que os precipitados saiam. A maior parte do material é removido no espaço entre a parte inferior da ferramenta e a peça de trabalho; no entanto, as elevadas densidades de corrente na ponta do cátodo removem algum material nos lados do cátodo à medida que a ferramenta avança para a peça de trabalho. Isto aumenta o furo porque mais material sai à medida que a ferramenta avança na peça de trabalho. Isto pode ser ultrapassado revestindo os lados da ferramenta com um material isolante, de modo a que a maquinação ocorra apenas na base ou na ponta da ferramenta. Uma vez que a forma do furo depende da forma do cátodo estacionário, os furos efectuados não precisam de ser redondos (2). A posição da ferramenta e o percurso do eletrólito numa operação de perfuração são mostrados na Figura 3.

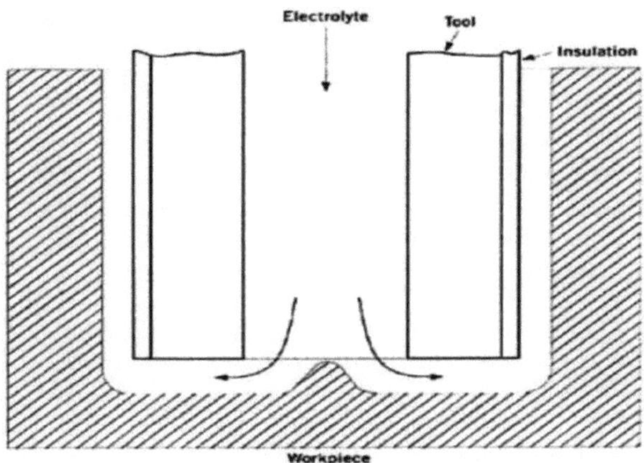

Figura 3 Perfuração de furos com ECM (2)

1.3.3. Modelação

Neste processo, é mantida uma distância constante entre a ferramenta e a peça de trabalho à medida que a ferramenta avança na peça de trabalho. Em contraste com outros processos, o fluxo de eletrólito está em toda a peça de trabalho. Este processo é utilizado principalmente no fabrico de lâminas de turbinas, uma vez que as lâminas podem ser colocadas próximas umas das outras, aumentando a eficiência da turbina. A figura 4 mostra lâminas de turbina maquinadas com ECM.

Figura 4 Lâminas de turbina maquinadas com ECM (4)

1.4. TEORIA DA MAQUINAGEM ELECTROQUÍMICA

1.4.1. Taxa de remoção de material

A quantidade de material removido é determinada pela primeira lei de Faraday, que afirma que a massa da substância removida num elétrodo é proporcional à quantidade de corrente passada para esse elétrodo. Portanto,

$$V = CIt \qquad (3)$$

onde,
V = volume de metal removido (mm3)
C = constante eletroquímica (mm3/amp-s)
I = corrente (amperes)
t = tempo (segundos)
A constante eletroquímica é única para cada material de trabalho e é dada pela Equação 4.

$$C \; A_w \cdot ZF\rho \qquad (4)$$

onde,
Aw = massa molecular
Z = número de electrões de valência
F = constante de Faraday
ρ = densidade do material de trabalho
A Lei de Ohm estabelece que a corrente

$$I=E/R \qquad (5)$$

onde,
E = tensão
R = resistência
A resistência R para operações ECM é dada como

$$R=gr/A \qquad (6)$$

onde,
g = distância entre a ferramenta e a peça de trabalho (mm) r = resistividade do eletrólito (ohm-mm)
A = área da superfície da ferramenta (mm2)
Assim, o MRR é dado como,

$$MRR=V/t=CEA/gr \qquad (7)$$

Estas equações foram derivadas assumindo uma eficiência de 100% (5).

1.5. COMPÓSITO DE MATRIZ METÁLICA

Os compósitos de matriz metálica são, em geral, constituídos por pelo menos dois componentes, um dos quais é a matriz metálica e o segundo componente é o reforço. A matriz é definida como um metal em todos os casos, mas raramente é utilizado um metal puro como matriz. Trata-se geralmente de uma liga metálica. Na produtividade do compósito, a matriz e o reforço são misturados.

Nos últimos anos, o desenvolvimento de compósitos de matriz metálica (MMC) tem recebido atenção mundial devido à sua resistência e rigidez superiores, para além de uma elevada resistência ao desgaste e à fluência em comparação com as ligas forjadas correspondentes. A matriz dúctil permite o embotamento de fissuras e concentrações de tensão por deformação plástica e proporciona um material com maior resistência à fratura.

Os compósitos fundidos, em que o volume e a forma das fases são regidos por diagramas de fases, ou seja, ferro fundido e ligas de alumínio-silício, têm sido produzidos por fundições desde há muito tempo. Os compósitos modernos diferem no sentido em que qualquer volume, forma e tamanho de reforço selecionado pode ser introduzido na matriz. Os compósitos modernos são misturas não equilibradas de metais e cerâmicas em que não existem restrições termodinâmicas quanto às percentagens volumétricas relativas, formas e dimensões das fases cerâmicas [6].

A elevada tenacidade e resistência ao impacto dos metais e ligas, como o alumínio, o titânio, o magnésio e as ligas de níquel-crómio, que sofrem deformação plástica sob impacto, é de interesse em muitas aplicações estruturais dinâmicas de compósitos metálicos. Estes materiais também foram consideravelmente reforçados através de vários princípios de reforço (como o reforço de contorno de grão, trabalho a frio, reforço de solução sólida, etc.) para melhorar as suas propriedades. No entanto, verifica-se frequentemente que estas abordagens afectam a tenacidade e a durabilidade a temperaturas elevadas e/ou em condições de serviço dinâmicas. Por conseguinte, um dos objectivos importantes dos compósitos de matriz metálica é desenvolver um material com uma combinação criteriosa de resistência e rigidez, de modo a diminuir a sensibilidade a fissuras e defeitos e, ao mesmo tempo, aumentar as propriedades estáticas e dinâmicas.

Esta necessidade acaba por conduzir ao reforço eficaz de metais e ligas metálicas através da implantação uni ou multidirecional de whiskers ou fibras contínuas. O efeito de reforço ocorre devido à extraordinária elevada resistência dos whiskers e das fibras com diâmetros inferiores a alguns micrómetros. Assim, o campo dos compósitos de matriz metálica (MMCs) começou em meados dos anos 60 com a constatação de que os MMCs reforçados com whiskers podem ser competitivos com os compósitos reforçados com fibras contínuas [7], do ponto de vista das propriedades mecânicas [8].

As complexas rotas de fabrico, a limitada capacidade de fabrico [9, 10] e a pequena diferença na melhoria das propriedades entre o reforço com bigodes e com partículas [11] e, além disso, os riscos para a saúde associados ao manuseamento de bigodes de SiC [12, 13] fizeram com que, nos últimos tempos, a ênfase fosse colocada mais nas partículas ou nas fibras cortadas do que no reforço com bigodes de metais, especialmente o alumínio, devido ao seu peso leve e à boa molhabilidade com carboneto de silício [14]. A importante mudança na tecnologia dos compósitos de matriz metálica começou em meados dos anos 80, com um reforço cada vez mais descontínuo a substituir o reforço contínuo, como carbonetos, nitretos, óxidos e materiais elementares como o carbono e o silício

Enquanto as MMCs reforçadas com bigodes descontínuos estão ainda a ser desenvolvidas para aplicações aeroespaciais, os componentes automóveis fabricados a partir de MMCs reforçadas com partículas e fibras descontínuas, que apresentam propriedades essencialmente isotrópicas, estão já em produção em massa, com a introdução do pistão diesel pela Toyota em 1983, seguido mais recentemente pelo motor e blocos de cilindros da Honda [15].

1.5.1 REFORÇO

O reforço aumenta a resistência, a rigidez e a capacidade de resistência à temperatura e reduz a densidade do MMC. Para obter estas propriedades, a seleção depende do tipo de reforço, do seu método de produção e da compatibilidade química com a matriz, devendo ser considerados os seguintes aspectos ao selecionar o material de reforço.

- Tamanho - diâmetro e rácio de aspeto:
- Forma - Fibra cortada, bigodes, partículas esféricas ou irregulares, flocos, etc:
- Morfologia da superfície - lisa ou ondulada e rugosa:
- Poli - ou monocristalino:
- Defeitos estruturais - vazios, material ocluído, segundas fases:
- Química da superfície - por exemplo, SiO2 ou C sobre SiC ou outras películas residuais:
- Impurezas - Si, Na e Ca no reforço de safira;
- Propriedades inerentes - resistência, módulo e densidade.

Mesmo quando se seleciona um tipo específico, a inconsistência do reforço persistirá porque muitos dos aspectos acima referidos, para além da contaminação do equipamento de processamento e da matéria-prima, podem variar muito [16-17]. Uma vez que a maioria dos materiais cerâmicos está disponível sob a forma de partículas, existe uma vasta gama de potenciais reforços para os compósitos reforçados com partículas [18-19].

Zhang, et.al. explicam que a utilização de reforço de grafite numa matriz metálica tem potencial para criar um material com uma elevada condutividade térmica, excelentes propriedades mecânicas e um comportamento de amortecimento atrativo a temperaturas elevadas [20]. No entanto, a falta de molhabilidade entre o alumínio e o reforço e a oxidação da grafite [21] conduzem a dificuldades de fabrico e a cavitações do material a altas temperaturas. A alumina [22] e outras partículas de óxido, como o TiO2 [23], etc., têm sido utilizadas como partículas de reforço na matriz de Al. A alumina tem recebido atenção como fase de reforço, uma vez que se verifica que aumenta a dureza, a resistência à tração e a resistência ao desgaste [24] dos compósitos de matriz metálica de alumínio. Rohatgi e colaboradores [2532] estudaram a mica, a alumina, o carboneto de silício, a argila, o zircão e a grafite como reforços na produção de compósitos.

Está provado que as partículas cerâmicas são materiais de reforço eficazes na liga de alumínio para melhorar as propriedades mecânicas e outras [32-35]. O reforço em MMCs é geralmente de materiais cerâmicos; estes reforços podem ser divididos em dois grandes grupos, contínuos e descontínuos. Os MMCs produzidos por eles são chamados de compósitos reforçados continuamente (com fibras) e compósitos reforçados descontinuamente. No entanto, podem ser subdivididos em cinco categorias principais: fibras contínuas, fibras curtas (fibras cortadas, não necessariamente com o mesmo comprimento), bigodes, partículas e arame (apenas para metal). Com exceção dos arames, os reforços são geralmente cerâmicos, sendo estes tipicamente óxidos, carbonetos e nitretos. Estes são utilizados devido às suas combinações de elevada resistência e rigidez, tanto a temperaturas ambiente como a temperaturas elevadas. Os elementos de reforço mais comuns são o SiC, A1203, TiB2, boro e grafite.

CAPÍTULO 2

Revisão da literatura

Nas últimas décadas, assistiu-se a um rápido progresso na maquinagem de materiais duros e difíceis de maquinar, tais como ligas de alta resistência à temperatura, carbonetos, compósitos, satélites, cerâmicas, etc., pelo que a necessidade de processos de maquinagem não convencionais tem sido muito procurada atualmente nas indústrias transformadoras. Por isso, há muito que se presta atenção aos processos não convencionais, que se baseiam em caraterísticas termoeléctricas ou físico-químicas, em que a maquinabilidade está associada a propriedades do material como a condutividade térmica, a resistividade eléctrica, as propriedades termoeléctricas, a temperatura de fusão, etc.

O estudo inicial do fenómeno da eletrólise foi realizado por Micheal Faraday (17791867) há cerca de 140 anos. Posteriormente, graças aos esforços pioneiros de Gussev e Burges, o processo eletroquímico foi rapidamente apreciado pelos engenheiros de produção de tecnologia avançada. Sir Joseph priestly (1768) observou a erosão do metal devido a faíscas eléctricas, mas não foi utilizado na remoção de materiais. No entanto, Lazarenko (1944) desenvolveu na Rússia o processo de maquinagem de metais por erosão por faísca. Rudorff (1950) desenvolveu uma máquina de electro-espiga. O Professor Kurafuji (1968) descreveu um processo de maquinagem para a maquinagem de vidro cerâmico; mais tarde, este processo ficou amplamente conhecido como processo de microperfuração eletroquímica (EMD).

No entanto, a partir da pesquisa bibliográfica anterior, é evidente que alguns trabalhos de investigação sobre microperfuração eletroquímica foram realizados por investigadores anteriores, mas ainda é necessária muita investigação aplicada neste domínio, de modo a explorar as utilizações bem sucedidas do processo na área da maquinagem de materiais compósitos condutores. Tendo em conta alguns dos trabalhos de investigação anteriores, apresentamos de seguida uma breve lista.

Dayanand S. Bilgi et al [37] estudaram a perfuração eletroquímica (modo DC) de furos profundos em que a solução salina acidificada substitui o eletrólito ácido. No estudo, os autores investigaram o sobrecorte médio em profundidade (DAROC) e a taxa de remoção de metal em massa (MRR), tendo apresentado algumas conclusões importantes: (i) propuseram um fator de correção para a condutividade do eletrólito no modelo de DeBarr e Oliver. (iii) a MMR varia com a tensão, o comprimento da ponta nua e (iv) o melhor furo é obtido com uma tensão de 9V, uma taxa de avanço da ferramenta de 0,9mm, com um eletrólito contendo 12,5% de NaCl e 2,5% de HCl.

Se Hyun Ahn et al [38] realizaram e analisaram a microperfuração eletroquímica utilizando impulsos ultra-curtos. Foram utilizados impulsos ultra-curtos com uma duração de dezenas de nanossegundos para localizar a área de dissolução. Foram estudados os efeitos da tensão, da duração dos impulsos e da frequência dos impulsos na distância de localização.

Jerzy Kozak et al [39] investigam a relação entre as caraterísticas da dimensão da forma importada para a superfície da peça de trabalho anódica pelas microcaracterísticas do elétrodo cátodo-ferramenta em determinadas condições de maquinagem. No estudo, os autores investigaram (i) a cópia eletroquímica de ranhuras, (ii) mini-orifícios (iii) ranhuras e caraterísticas de ranhuras isolantes. Os autores concluem que tanto a fenda lateral como a fenda frontal diminuem com o aumento da velocidade de avanço. Por conseguinte, para todas as análises subsequentes, a velocidade de avanço do elétrodo-ferramenta foi mantida entre 21 e 63 mm/min.

B. Bhattacharya et al [40] estudaram a maquinagem por descarga eletroquímica (ECDM), que tem potencial para a maquinagem de materiais cerâmicos não condutores em comparação com diferentes métodos de maquinagem convencionais e não convencionais existentes. No estudo, os autores investigam (i) a taxa de remoção de material (ii) os fenómenos de sobrecorte. Os autores concluem que o processo pode ser utilizado eficazmente para a maquinagem de materiais não condutores, como a cerâmica e os compósitos avançados. A baixa tensão aplicada, a MRR é muito baixa, mas com uma tensão mais elevada e uma maior concentração de eletrólito, é possível obter uma MRR mais elevada. Com uma concentração de eletrólito mais elevada, o sobrecorte é maior. Com uma tensão mais elevada, o MRR é maior, mas são geradas microfissuras e outros defeitos na superfície maquinada. A taxa de maquinação e a precisão podem ser melhoradas através de um controlo eficaz e preciso da geração de faíscas.

B.R. Sarkar et al [41] investigaram a microperfuração por descarga eletroquímica em cerâmicas avançadas para estudar a gama de definições paramétricas para a operação de micro-perfuração, bem como o efeito de vários parâmetros do processo, tais como a tensão aplicada, a concentração de eletrólito e a distância entre eléctrodos, na taxa de remoção de material (MRR), no excesso de corte radial (ROC) e na espessura da zona afetada pelo calor (HAZ) durante a microperfuração de materiais cerâmicos de engenharia não condutores, tais como o óxido de alumínio e o óxido de zircónio. Os autores concluíram que a qualidade do furo durante a microperfuração depende muito da tensão aplicada e da concentração de eletrólito.

Indrajit Basak e Amitabha Ghosh [42] estudaram o mecanismo de remoção de material na maquinagem por descarga eletroquímica. O autor observou que, se fosse aplicada uma tensão para além da crítica a uma célula eletroquímica, iniciava-se uma descarga entre uma ferramenta dos eléctrodos e o eletrólito circundante. Os autores desenvolveram um modelo simplificado que prevê as caraterísticas
da taxa de remoção de material para parâmetros de entrada variáveis com o objetivo de encontrar a possibilidade de aumentar a capacidade do processo. Os autores concluem que é possível obter um aumento substancial da taxa de remoção de material devido à indutância adicional introduzida.

Ming-Chang et al. [43] estudaram os efeitos do teor de carbono e da microestrutura na taxa de remoção de metal na maquinação eletroquímica. No estudo, os autores investigaram os efeitos do teor de carbono, da microestrutura e da pressão de trabalho na taxa de remoção de metal e na eficiência da corrente na maquinação eletroquímica de aços ao carbono. Algumas conclusões importantes foram apresentadas pelos autores e são as seguintes (i) a taxa de remoção de material e a eficiência de corrente aumentam com o teor de carbono. (ii) as microestruturas recozidas e as microestruturas temperadas têm maior taxa de remoção de material e eficiência de corrente do que as microestruturas recozidas. (iii) a peça 2 maquinada a baixa pressão de trabalho de 3-4 kg/cm tem a maior taxa de remoção de material e eficiência de corrente. (iv) a rugosidade da superfície maquinada de todos os tipos de microestruturas diminui com o aumento do teor de carbono. (v) A rugosidade da superfície maquinada das microestruturas recozidas é superior à dos aços temperados e revenidos.

Y. P. Singh et al. [44] investigaram a maquinagem de cerâmicas piezoeléctricas (PZT) utilizando um processo de maquinagem por faísca eletroquímica (ECSM). Os autores tentaram explorar a viabilidade da utilização de um processo de maquinagem eletroquímica por faísca (ECSM) para a maquinagem de materiais parcialmente condutores de eletricidade, como cerâmicas piezoeléctricas (nomeadamente PZT de titanato de zirconato de chumbo) e compósitos epóxi de fibra de carbono. Os autores concluíram que a taxa de remoção de material aumentou com o aumento da tensão de alimentação e da concentração de eletrólito (até 22,5%).

A. Manna e B. Bhattacharyya [45] estudaram uma abordagem de resposta dupla para a otimização paramétrica da electroerosão por fio CNC do compósito de matriz metálica de alumínio reforçado com partículas de carboneto de silício (PRAl/SiC-MMC). Foi apresentado um conjunto de parâmetros que demonstrou versatilidade e uma gama numerosa e diversificada baseada na experiência e na tecnologia. Foi utilizado o método Taguchi para o projeto experimental. Os factores significativos foram determinados para cada critério de desempenho de maquinação a partir de resultados experimentais e através de ANOVA e valores do teste F.

V. K. Jain et al. [46] efectuaram a análise do processo de maquinagem por faísca eletroquímica. A descarga eletroquímica foi modelada como um fenómeno semelhante ao que ocorre nas válvulas de descarga por arco. Este fenómeno foi utilizado para explicar vários resultados experimentais, com base nas caraterísticas do circuito e da válvula de descarga de arco. A energia da faísca e a ordem aproximada do diâmetro das bolhas de gás hidrogénio são calculadas pela teoria da válvula proposta. A taxa de remoção de material foi avaliada através da modelação do problema como um problema de condução de calor 3-D em estado instável. O problema foi resolvido pelo método dos elementos finitos para calcular a distribuição de temperatura que é pós-processada para estimar a remoção de material por faísca, o sobrecorte obtido na cavidade maquinada e a profundidade de penetração máxima atingível. Os autores concluíram que a aplicação da teoria das válvulas ao processo ECSM parece ser realista.

M. Schopf et al. [47] ilustraram a utilização de ECDM (Electro Chemical Discharge Machining) para a afiação e a preparação de ferramentas de retificação diamantadas ligadas a metal. Os autores aplicaram com sucesso a ECDM numa máquina de retificação center less.

Frank Mulled e John Monaghan [48] estudaram a maquinação não convencional de compósitos de matriz metálica reforçados com partículas (PRMMCs). Foi feita uma investigação sobre a maquinabilidade de compósitos de matriz de liga de alumínio reforçados com partículas de carboneto de silício utilizando maquinagem por electro-erosão (EDM) e corte a laser. Os autores concluem que tanto a EDM como o laser são processos adequados para a maquinação de PRMMCs, sendo que o laser oferece vantagens significativas em termos de taxa de remoção de material e a EDM induz menos danos térmicos.

Paulo Carlos Kaminski et al. [49] estudaram os parâmetros que afetam o processo de usinagem de microfuros utilizando máquina de descarga elétrica com penetração convencional. Os autores concluíram que a qualidade do furo gerado depende diretamente do processo de limpeza. Se o processo de limpeza não for eficiente, ocorrerá a deposição de material carbonizado no fundo da cavidade usinada, dificultando a condução elétrica e, conseqüentemente, o desalinhamento do eletrodo, pois o sistema hidráulico de avanço do eletrodo reage ao contato elétrico.

K.H. Ho e S.T. Newman [50] estudaram o estado da arte da maquinagem por descarga eléctrica (EDM). Foram propostas três grandes áreas de investigação em EDM. A primeira diz respeito às medidas de desempenho da maquinagem. A segunda área descrevia os efeitos dos parâmetros do processo, incluindo variáveis eléctricas e não eléctricas, que eram necessários para otimizar a natureza estocástica do processo de faíscas nas medidas de desempenho. Por último, foi relatada a investigação relativa à conceção e fabrico de eléctrodos. A base do controlo do processo EDM assentou sobretudo em métodos empíricos, em grande parte devido à natureza estocástica do fenómeno de faísca que envolve parâmetros de processo eléctricos e não eléctricos.

B. Bhattacharyya et al. [51] estudaram a influência de vários factores predominantes da EMM, tais como a remoção controlada de material, a precisão da maquinagem, a alimentação eléctrica, a conceção e o desenvolvimento da micro-ferramenta, o papel do intervalo entre eléctrodos e do eletrólito, etc. Os autores concluíram que a EMM pode ser efetivamente utilizada para operações de maquinagem de alta precisão, ou seja, para precisões da ordem de ± 1pm em 50 µm. O método micro ECM (EMM) pode ser utilizado eficazmente para operações de maquinagem de alta precisão, como a remoção de rebarbas, a criação de padrões em folhas e a microusinagem em três D, e também em várias aplicações.

W. Y. Peng e Y. S. Liao [52] realizaram um estudo sobre a tecnologia de maquinagem por descarga eletroquímica para o corte de materiais frágeis não condutores. A maquinagem por descarga eletroquímica (ECDM) provou ser um processo potencial para a maquinagem de materiais não condutores de alta resistência. A maquinação por descarga eletroquímica com fio móvel (TW-ECDM), uma tecnologia recentemente desenvolvida, foi utilizada para cortar vidro ótico e barras de quartzo de pequenas dimensões (10-30 mm de diâmetro). Foi investigado o efeito de gravura eléctrica-térmica e a sua viabilidade. Os autores concluíram que a potência de corrente contínua pulsada demonstrou uma melhor estabilidade da faísca e uma maior proporção de libertação de energia da faísca do que a potência de corrente contínua.

J.C.Su et al. [53] optimizaram o processo de maquinagem por descarga eléctrica utilizando uma rede neural baseada em AG. O algoritmo genético com uma função objetivo devidamente definida foi adaptado à rede neural para determinar os parâmetros ideais do processo. Foi apresentada a utilização de um algoritmo genético acoplado à rede neural feed-forward com algoritmo de aprendizagem de retropropagação para a otimização em várias fases de corte do processo de maquinagem por descarga eléctrica. Os autores concluíram que o algoritmo genético desenvolvido com base na rede neural era bom para selecionar automaticamente um parâmetro de processo ótimo.

D. E. Dimla et al. [54] investigaram os eléctrodos complexos de EDM rápido para aplicações de ferramentas rápidas e concluíram que a variabilidade da espessura do cobre nos eléctrodos de prototipagem rápida era claramente preocupante. Registou-se uma deposição mínima nas faces inferiores da geometria específica. Os autores concluíram que a EDM com eléctrodos RP (polaridade inversa) não era viável devido à falta de uma camada consistente de cobre nos modelos de estereolitografia (SL) e nos modelos de bronze de sinterização direta de metal a laser (DMLS).

H. Ramasawmy e L. Blunt [55] trabalharam na avaliação da topografia de superfície 3D do efeito de diferentes electrólitos durante o polimento eletroquímico de superfícies EDM. Foi realizada uma experiência para avaliar o efeito de quatro electrólitos diferentes num processo de polimento eletroquímico (PCE) sobre a topografia da superfície de superfícies EDM. Os autores concluíram que o meio ácido tem um melhor efeito de polimento na topografia da superfície do componente. A superfície exposta pela ação do ECP no caso do eletrólito ácido é mais lisa e mais reflectora do que a dos sais.

Yongshun Zhao et al. [56] estudaram a modelação geométrica do processo de maquinagem por descarga eléctrica (EDM) com motor linear. Foi desenvolvido um modelo geométrico baseado no método Z-map para o processo de EDM com motor linear. A fim de verificar a eficácia do modelo desenvolvido, foram realizadas experiências de EDM numa máquina de EDM com motor linear. Os autores demonstram que o novo modelo de simulação foi eficaz para a previsão da influência das condições de maquinagem.

Grzegorz Skrabalak et al. [57] estudaram a construção de uma base de regras para o controlo lógico-fuzzy do processo ECDM. Foi desenvolvido um modelo simplificado para estimar a corrente de dissolução eletroquímica e a maquinagem por electro-erosão no processo ECDM. Tentou-se adaptar o controlador fuzzy-logic para o processo ECDM com base neste modelo. Foi também proposto um modelo simplificado do sistema de controlo utilizado nas simulações.

T T. K. K. R. Mediliyegedara et al. [58] efectuaram um estudo preliminar de um sistema inteligente de classificação de impulsos para maquinagem por descarga eletroquímica (ECDM). Os impulsos foram classificados em cinco grupos através da observação das formas de onda da tensão e da corrente. Foi treinada uma rede neural feed-forward para classificar os impulsos com várias funções de ativação. Foram utilizadas cinco funções de ativação diferentes para comparação. As redes neurais treinadas foram simuladas. Foi efectuada uma análise quantitativa para avaliar o desempenho do sistema de classificação de impulsos.

Y. Zhu e H.A. Kishawy [59] estudaram a influência das partículas de alumina na mecânica de maquinação de compósitos de matriz metálica. Foi desenvolvido um modelo de elementos finitos que foi utilizado para estimular a maquinação ortogonal de um compósito de partículas de alumínio/óxido de alumínio. Para todos os avanços considerados nesta análise, as componentes previstas da força de corte aumentaram com o avanço e as discrepâncias entre os valores previstos e medidos situaram-se dentro de um erro de 9%. Os autores concluíram que a distribuição da tensão de corte nas partículas cerâmicas de óxido de alumínio mostrou uma inversão de valores negativos de tensão na zona primária de corte para um máximo positivo na zona secundária de corte. Verificaram-se algumas flutuações dos valores das tensões normais e de contração ao longo da interface pastilha/ferramenta, o que corresponde às diferentes condições das partículas de alumina/ferramenta.

R. Wuthrich e V. Fascio [60] fizeram um resumo da maquinação de materiais não condutores utilizando o fenómeno da descarga eletroquímica. Os autores observaram que a descarga eletroquímica pode ser utilizada para maquinar vários materiais não condutores de eletricidade. Os autores concluíram que uma grande classe de materiais (vidro, quartzo, várias cerâmicas e outros) pode ser maquinada e não só estruturas simples como furos, mas também estruturas muito complexas como roscas podem ser maquinadas. A taxa de remoção de material depende de um grande número de parâmetros, como os materiais a maquinar, o eletrólito utilizado, a tensão aplicada e a temperatura

Mohen Sen e H.S. Shan [61] analisaram os processos electroquímicos de perfuração de micro a microfuros. Os autores observaram que os processos avançados de perfuração, como a perfuração eletroquímica a jato, têm encontrado aceitação na produção de um grande número de furos de qualidade em materiais difíceis de maquinar. Para a perfuração de furos cruzados e para a perfuração simultânea de vários furos de diferentes formas, o processo de perfuração eletroquímico foi a melhor escolha em comparação com todos os outros processos de perfuração não tradicionais. A caraterística notável do processo de perfuração ECM foi a ausência de tensões residuais e o excelente acabamento da superfície, o que torna estes processos mais atractivos para a perfuração de furos em componentes expostos a altas temperaturas

T.K.K.R. Mediliyegedara et al. [62] analisaram o processo de maquinagem por descarga eletroquímica (ECDM). Os autores observaram que uma das principais vantagens da ECDM, em relação à ECM ou EDM, é o facto de os mecanismos combinados de remoção de metal na ECDM produzirem uma taxa de maquinagem muito mais elevada.

R Wuthrich et al. [63] estudaram a gravação química assistida por faísca (SACE) e especificaram que a gravação química assistida por faísca (SACE) era um método para a microestruturação 3D de vidro ou de outros materiais não condutores com um rácio de aspeto elevado e uma qualidade de superfície suave. Era aplicável à prototipagem rápida de dispositivos microfluídicos, à interface MEMS e a aplicações semelhantes. A dimensão típica das caraterísticas era de centenas de micrómetros, até algumas dezenas de micrómetros.

Z.katz e C.J.Tibbles [64] analisaram o processo de EDM à microescala. O autor propôs um modelo de micro EDM juntamente com uma simulação numérica e validação experimental. O trabalho tinha como objetivo relacionar parâmetros de entrada/saída com vista ao estabelecimento de um possível modelo de processo. Os autores concluíram que o tamanho do elétrodo não afectava o processo de descarga. Este facto deveu-se principalmente à alteração da intensidade do campo elétrico influenciada pelas dimensões dos eléctrodos ao nível da micro EDM.

Hung Sung Liu et al. [65] estudaram as aplicações da micro-EDM combinada com a retificação com dither de alta frequência na maquinagem de microfuros. Foi utilizado um processo nobre de maquinagem por micro-descargas eléctricas (micro-EDM) combinado com retificação de alta frequência (HFDG) para melhorar a rugosidade da superfície de micro-furos. Concluiu-se que, utilizando um elétrodo circular escalonado com a adição de pasta de alumina no local, a HFDG pode remover eficazmente as crateras de descarga na superfície rugosa após a micro-EDM, obtendo assim uma melhor rugosidade da superfície. Com uma corrente de pico de 500mA e uma tensão de 40 V, a micro-EDM associada à HFDG pode obter microfuros com uma forma precisa e uma superfície lisa após 6 a 8 minutos de lapidação.

T.K.K.R. Mediliyegedara et al. [66] estudaram uma abordagem de rede neural artificial para a classificação de impulsos na maquinagem por descarga eletroquímica (ECDM). A classificação de impulsos do processo ECDM foi apresentada utilizando redes neuronais artificiais (RNA). Foram consideradas várias arquitecturas de redes neuronais, alterando o número de neurónios na camada oculta. As redes neurais treinadas foram simuladas. Foi efectuada uma análise quantitativa para avaliar as várias arquitecturas de redes neuronais.

Feng-Tsai Weng [67] estudou a maquinagem por electro-erosão de uma matriz coaxial de microfuros utilizando um elétrodo de grafite-cobre. O autor descreveu uma técnica de fabrico para a microfabricação de eléctrodos de grafite-cobre e a produção de componentes com microfuros. O procedimento combinava o ataque anódico por eletrólise com um procedimento de eletrodeposição, utilizando tecnologia com auxílio supersónico. Durante a eletrólise, foram produzidas impurezas nos eléctrodos de grafite. Estas impurezas não eram facilmente removidas. Foi utilizado um mecanismo supersónico para agitar o ânodo no eletrólito e assim remover quaisquer impurezas superficiais de uma série de orifícios microscópicos em placas de vários materiais.

Yusuf Kesin et al. [68] efectuaram um estudo experimental para determinar os efeitos dos parâmetros de maquinagem na rugosidade da superfície na maquinagem por descarga eléctrica (EDM). Foi obtida uma equação consideravelmente profunda para a rugosidade da superfície utilizando os parâmetros potência, tempo de impulso e tempo de faísca. Os autores concluíram que apenas o tempo de faísca e a potência têm um efeito na função de rugosidade da superfície. A rugosidade da superfície teve uma tendência crescente com o aumento da duração da descarga.

Tsuneo Kurita e Mitsuro Hattori [69] efectuaram um estudo sobre a tecnologia de maquinagem complexa EDM e ECM/ECM- lapping. Em primeiro lugar, foram investigadas as tecnologias de modelação EDM e de acabamento ECM. Estes processos foram realizados em sequência na mesma máquina-ferramenta com o mesmo elétrodo (cobre) e o líquido de maquinação (água). Os autores investigaram dois tipos de maquinagem complexa EDM e ECM. A superfície EDM de 1pm Ra foi melhorada para 0,2 pm Ra através da aplicação de ECM. Em segundo lugar, para obter uma superfície mais lisa, foi desenvolvida uma nova tecnologia de maquinagem complexa com EDM e ECM. A rugosidade da superfície de um furo foi melhorada para 0,07pm Ra através da aplicação de 2 minutos de lapidação ECM.

Nizar Ben Saah et al. [70] efectuaram um estudo numérico dos aspectos térmicos do processo de maquinagem por descarga eléctrica. A principal conclusão foi que a tomada em consideração da dependência da temperatura da condutividade era de importância crucial para a exatidão dos resultados numéricos e proporcionava uma melhor correlação com as observações experimentais.

A. Kulkarni et al. [71] realizaram um estudo experimental do mecanismo de descarga na maquinagem por descarga eletroquímica. Os autores tentaram identificar o mecanismo através de observações experimentais da corrente variável no tempo no circuito. Com base nestas observações, foi proposto o mecanismo básico de aumento de temperatura e remoção de material.

R. Wuthrich e L.A.Hof [72] estudaram a película de gás na gravação química assistida por faísca (SACE). A SACE utilizou o fenómeno da descarga eletroquímica. O elemento chave da SACE era a película de gás construída em torno do elétrodo da ferramenta, na qual a descarga do elétrodo tinha lugar entre o elétrodo e o eletrólito. A película de gás não era estável e estava em constante flutuação, o que resultava numa maquinação não reprodutível com SACE. Esta tecnologia tem várias propriedades muito interessantes, como a simplicidade, a flexibilidade, a possibilidade de obter uma superfície maquinada muito lisa e uma taxa de remoção de material relativamente elevada. No entanto, tem um grande inconveniente, ou seja, a maquinagem várias vezes da mesma estrutura nas mesmas condições resulta em padrões relativamente dispersos (normalmente cerca de 10-20%).

Dae-Jin Kim et al. [73] fizeram experiências sobre os efeitos da frequência de impulsos de tensão e do rácio de serviço num processo de microperfuração por descarga eletroquímica de vidro Pyrex. Os autores observaram que um dos inconvenientes do ECDM era a zona afetada pelo calor (HAZ) deixada na superfície do orifício microperfurado. Para reduzir a ZTA, foi aplicada neste estudo uma série de impulsos de tensão rectangulares, em vez de tensões DC rectificadas ou de onda completa. O efeito da frequência e do rácio de serviço do impulso de tensão no ECDM do vidro Pyrex foi investigado experimentalmente. Os autores concluíram que o dano térmico do orifício microperfurado diminui à medida que a frequência aumenta e o rácio de serviço diminui. Verificou-se também que a folga aumenta à medida que o diâmetro da ferramenta diminui.

J.A. Sanchez et al. [74] efectuaram um estudo sobre a variação de folga em EDM planetária multiestágio. Foi descrita uma metodologia para o cálculo da variação de folga entre dois estágios consecutivos que pode ser aplicada tanto em regime de desbaste como em regime de acabamento. A metodologia definida exigiu a realização de um conjunto de ensaios de EDM, nos quais foi assegurado o acabamento superficial de cada fase intermédia. Para tal, recorreu-se de forma optimizada às estratégias baseadas na remoção completa de Rt (rugosidade máxima). A estratégia baseada na remoção completa de Rt foi o compromisso ótimo entre a garantia da rugosidade da parede lateral e o tempo de maquinação. Eléctrodos pequenos foram associados a grandes variações de folga. Os eléctrodos de cobre produziram grandes variações de folga do que os eléctrodos de grafite. A diminuição mais acentuada da variação da fenda ocorreu nos regimes em que tanto a corrente de descarga como o tempo de impulso diminuíram.

K.L. Bhondwe et al. [75] previram a taxa de remoção de material por elementos finitos devido à maquinagem eletroquímica por faísca (ECSM). Os autores desenvolveram um modelo térmico para o cálculo da taxa de remoção de material (MRR) durante a ECSM. Em primeiro lugar, a distribuição da temperatura na zona de influência de uma única faísca foi obtida com a aplicação do método dos elementos finitos (MEF). As temperaturas nodais foram posteriormente pós-processadas para estimar a MRR. Os autores concluíram que o aumento da MRR aumentou com o aumento da concentração de eletrólito devido ao ECSM do material da peça de trabalho em vidro sodo-cálcico. Além disso, verificou-se que a alteração do valor da MRR do vidro de cal sodada com a concentração era superior à da alumina. Verificou-se que a MRR aumenta com o aumento do fator de serviço e da partição de energia, tanto para o vidro sodo-cálcico como para o material da peça de trabalho em alumina.

J. Marafona et al. [76] estudaram um modelo de elementos finitos de EDM baseado no efeito de Joule. Os autores concluíram que o efeito de aquecimento de Joule é a principal fonte de energia térmica para aumentar a temperatura do canal de descarga e fundir ambos os eléctrodos. Com o novo modelo FEA para o processo EDM, foi possível estimar a rugosidade da superfície, o material removido do ânodo e do cátodo e a temperatura máxima atingida no canal de descarga. A temperatura máxima no canal de descarga foi um indicador do comportamento térmico do modelo. A eficiência de remoção de material do ânodo foi menor do que a do cátodo porque havia uma grande quantidade de energia indo para o ânodo e também um resfriamento rápido deste material.

João Cirilo da Silva Neto et al. [77] estudaram as variáveis intervenientes na maquinação eletroquímica (ECM) do aço para válvulas SAE-XEV-F. Foram estudadas a taxa de remoção de material (MRR), a rugosidade e o sobrecorte. Quatro parâmetros foram alterados durante as experiências: taxa de alimentação, eletrólito, taxa de fluxo do eletrólito e tensão. Os autores concluíram que a taxa de alimentação era o principal parâmetro que afectava a taxa de remoção de material. A maquinagem eletroquímica com nitreto de sódio apresentou os melhores resultados de rugosidade superficial e de sobrecorte.

Josko Valentincic e Mihael Junkar [78] estudaram a deteção da superfície em erosão no processo EDM com base no sinal de corrente na fenda. O sinal de corrente eléctrica na fenda depende do tamanho da superfície em erosão. Os autores concluíram que o sinal de corrente eléctrica na fenda durante a descarga dependia da densidade de potência da superfície na fenda com parâmetros de maquinagem constantes. O tamanho da superfície erodida determinou a densidade de potência da superfície na fenda. A corrente eléctrica na fenda durante a descarga depende da tensão eléctrica na fenda durante a descarga.

E.S.Lee et al. [79] estudaram as caraterísticas da microusinagem eletroquímica com impulsos de tensão ultracurtos. Para remover a camada passiva de carboneto de tungsténio, a solução aquosa de H2SO4 (30%) serviu de eletrólito e foi possível obter várias formas e tamanhos de microssondas utilizando o eletrólito NaOH e controlando a tensão de impulso ultracurto no estudo. A microssonda desenvolvida neste estudo tem um raio na escala nanométrica e a EMM foi realizada utilizando a microssonda desenvolvida. Foi utilizada uma solução aquosa de HCl 0,5M e foram maquinados microfuros de alta qualidade com 40μm de diâmetro e uma folha de aço inoxidável com 80pm de espessura.

Dayanand S. Bilgi et al. [80] estudaram a qualidade do furo e a dinâmica do intervalo entre eléctrodos durante a perfuração eletroquímica de furos profundos por corrente pulsada. Os autores verificaram que a média da profundidade radial de corte (DAROC) varia significativamente com a tensão aplicada, o comprimento da ponta nua, o tempo de impulso e o ciclo de trabalho. A taxa de avanço da ferramenta tem um efeito moderado no DAROC. O DAROC mínimo foi produzido sempre que a taxa linear de remoção de metal era igual à taxa da ferramenta. A tensão aplicada e o ciclo de trabalho afectam significativamente a MRR.

Biing Hwa Yan e Kun Ling Wu [81] realizaram um estudo sobre a maquinagem de superfícies espelhadas utilizando uma EDM de microenergia e o polimento por deposição electroforética (EDP). Foi revelada uma melhoria óbvia da qualidade da superfície de um aço SKD 61 utilizando a maquinagem por descarga eléctrica de microenergia seguida de polimento por EDP. Os autores concluíram que os parâmetros de trabalho adequados para o processo EDP incluem a aplicação de uma tensão de 20 V, 200 rpm de velocidade de rotação e um valor de pH de 4. A concentração adequada de partículas de A12O3 de 0,3 e 0,05 pm é de 16 e 12%, respetivamente. Observou-se também que a quantidade de deposição diminuiu com a diminuição do valor do pH.

Ching-Tien Lin et al. [82] efectuaram um estudo exequível da maquinagem EDM por microfenda utilizando água pura. Os autores observaram que a água pura pode ser utilizada como fluido dielétrico e que, adoptando a maquinagem EDM de polaridade negativa, se pode obter uma elevada taxa de remoção de material (MRR), baixo desgaste do elétrodo, pequena expansão da fenda e pouca rebarba de maquinagem, em comparação com a maquinagem de polaridade positiva. Comparando o querosene com a água pura, observou-se que a água pura provoca um baixo teor de carbono e, por conseguinte, na superfície do elétrodo. A energia de descarga também não diminui e o processo de descarga não foi interrompido. Por conseguinte, o MRR foi mais elevado e a taxa de desgaste do elétrodo relacionada com a utilização de querosene foi mais baixa.

S.Keith Hargrove e Duowen Ding [83] determinaram os parâmetros de corte em EDM de fio com base na distribuição da temperatura da superfície da peça. Foi desenvolvido um programa de método de elementos finitos (MEF) para modelar a distribuição da temperatura na peça de trabalho sob as condições de diferentes parâmetros de corte. A espessura das camadas afectadas pela temperatura para diferentes parâmetros de corte foi calculada com base num valor de temperatura crítica. Através da minimização da espessura das camadas afectadas pela temperatura e da satisfação de uma determinada velocidade de corte, foi determinado um conjunto de parâmetros do processo de corte para o fabrico da peça. Foi selecionado um conjunto de parâmetros óptimos para este processo de maquinagem, de modo a que a velocidade de corte da máquina fosse de 1,2 mm/min, o tempo de impulso fosse de 8 ^s e a tensão sem carga fosse de 4 volts.

Chih-Wei Chang e Chun-Pao Kuo [84] estudaram o processo de maquinação assistida por laser (LAM) para maquinação de peças cerâmicas de óxido de alumínio. No estudo, os autores utilizaram o método Taguchi para otimizar os parâmetros de maquinação. Os autores salientaram que o processo de maquinação assistida por laser pode conduzir a uma maior taxa de remoção de material, a um melhor controlo das propriedades e da geometria da peça. Desenvolveram um modelo empírico para avaliar os efeitos dos parâmetros do processo de maquinagem assistida por laser.

CAPÍTULO 3

CONCEPÇÃO, DESENVOLVIMENTO E FABRICO DE UMA CONFIGURAÇÃO EMD

3.1 Introdução

A partir da revisão da literatura e da discussão efectuada nos capítulos 1 e 2. É essencial conceber e fabricar uma configuração de micro maquinação eletroquímica para micro perfuração em material compósito recentemente desenvolvido. Foi necessário algum equipamento adicional durante o fabrico do micro projeto, tal como a configuração EMD, como

(1) Tanque para concentração de electrólitos.

(2) Suporte de trabalho para segurar firmemente a peça de trabalho durante a maquinação.

(3) Gerador D.C com regulador para fornecer a tensão D.C constante em vários níveis e (4) Transformador abaixador para fornecer 18 volts para fazer funcionar o motor escalonado montado no microEMD fabricado.

3.2 Seleção de diferentes componentes e respectiva especificação para a configuração EMD

S.No	Component Nomenclature	Specification	Design aspect
1	Stepper motor	**18 *volts***	This particular specified **component's** are selected on the basis of the trial **experiment's during** micro-drilling of components
2	Electrolyte	**50-125 *g/l***	
3	Job Holder	**12×14 *mm***	
4	Tool	**100-500 *µm***	
5	Pump	**80-240 *l/hr***	
6	Voltage Regulator	**0-25 *volts***	

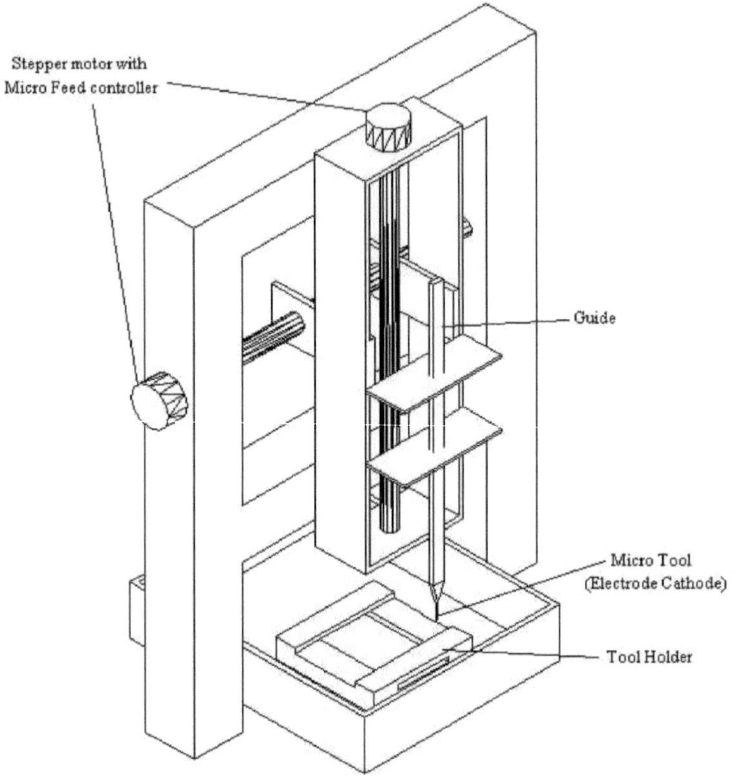

Figura 3.1 Configuração do Micro EMD

3.3 Configuração micro EMD desenvolvida

Na figura 3.1 é apresentada uma configuração de microusinagem para a microusinagem de MMC de alumínio/alumina (Al/Al2O3) condutor de eletricidade.

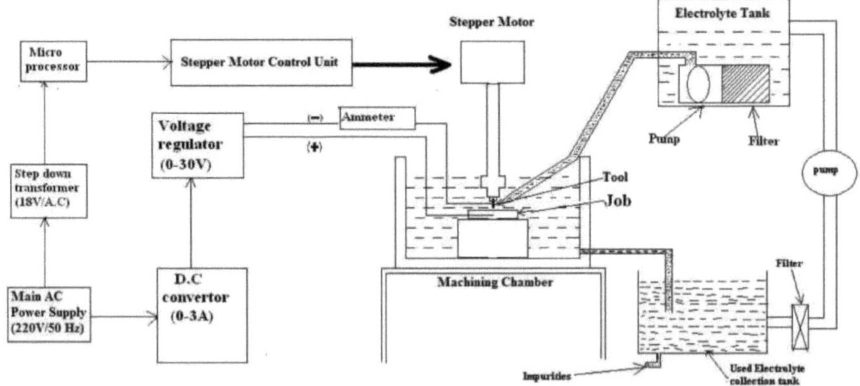

A figura 3.2 mostra a configuração do microEMD

A alimentação principal AC-220 volts é reduzida para 18 volts utilizando um transformador redutor para operar um motor de passo. O motor passo a passo de 18 volts é utilizado para dar o movimento de alimentação do elétrodo. É utilizado um circuito de controlo automático do movimento de alimentação, como se mostra na figura 3.3.

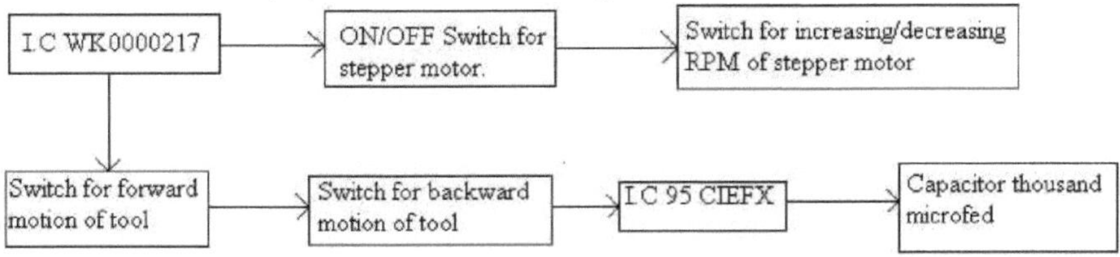

A Figura 3.3 mostra o fluxograma para dar movimento de alimentação automática ao motor passo-a-passo.

Como se pode ver na figura 3.4, a câmara electrolítica onde a experiência pode ser realizada.

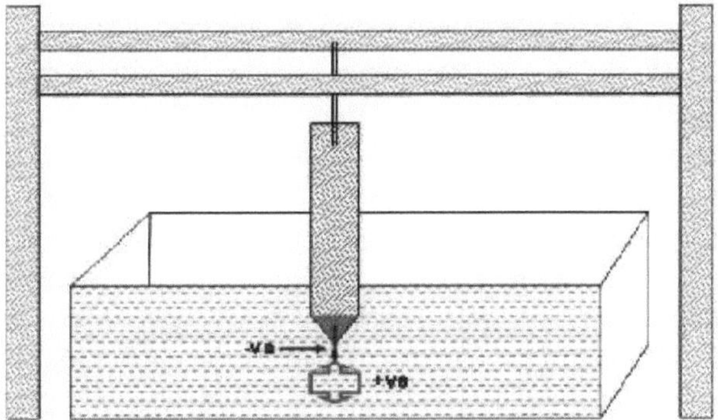

A figura 3.4 mostra a câmara do eletrólito

Foi adotado um porta-ferramentas isolado para segurar o elétrodo de 200 microns de diâmetro. Foi projetado e fabricado um suporte para segurar a peça de trabalho. O suporte de trabalho desenvolvido e fabricado é mostrado na figura 3.5. O suporte de trabalho é fixado dentro da câmara de eletrólito durante a experiência.

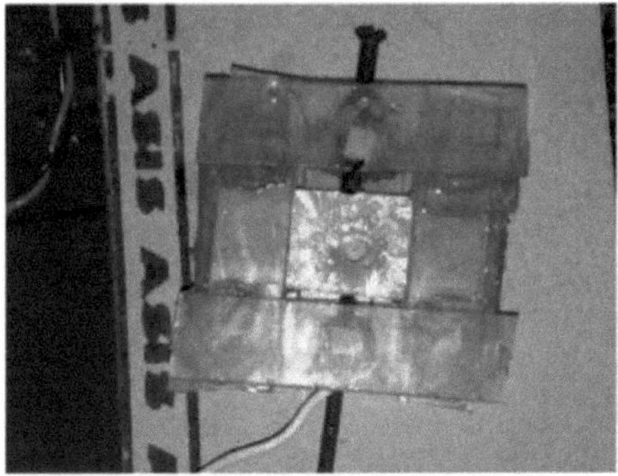

A figura 3.5 mostra o suporte para segurar o elétrodo

Um gerador de corrente contínua é utilizado para converter a tensão alternada em tensão contínua e os seus terminais de saída são ligados ao ânodo e ao cátodo. É utilizado um potenciómetro no circuito para aumentar e diminuir a tensão de saída. A disposição do circuito é mostrada na figura 3.6.

A figura 3.6 mostra a disposição do gerador de corrente contínua com regulador de tensão

A tensão do cátodo do gerador de corrente contínua foi ligada à ferramenta. O ânodo é uma peça de trabalho com 1,25 mm de espessura e 50 mm de largura. A peça de trabalho (ânodo) é totalmente mergulhada no eletrólito e é fixada no suporte de trabalho. A concentração do elétrodo é controlada inicialmente misturando as proporções adequadas de NaCl em pó + HCl e água da torneira. A proporção inicial de NaCl em pó, HCl e água da torneira foi de 50 g de NaCl + 10 ml de HCl em 1 litro de água da torneira e, subsequentemente, esta proporção aumenta para 125 de NaCl + 25 ml de HCl em 1 litro de água da torneira. O material removido é estimado através da medição do peso da peça antes e depois de cada operação de micro-usinagem. O tempo de microusinagem é registado utilizando um cronómetro de minutos decimais com uma precisão de 0,1 segundos. O tempo de microusinagem para um microfuro completo é estimado pela diferença entre a hora de início e a hora de fim de cada operação de microusinagem.

É utilizado um transformador abaixador para reduzir a alimentação de 220 volts AC para 18 volts A.C. para fazer funcionar o motor. A rotação do motor é controlada pelo circuito eletrónico como se mostra na figura 3.3

Fig. 3.7 Configuração EMD fabricada

Um gerador D.C é utilizado para converter 220 volts A.C em alimentação D.C na gama de 0 volts a 50 volts. A montagem do gerador de corrente contínua é mostrada na figura 3.6. A saída + ve do regulador do gerador é fornecida à peça de trabalho para a tornar anódica. Do mesmo modo, a saída de - ve do regulador do gerador é fornecida à ferramenta para a tornar catódica. Estes eléctrodos estão dispostos no depósito de eletrólito, como se mostra na figura 3.4. Com a ajuda do motor passo a passo, mantemos a distância entre a ferramenta e a peça de trabalho que varia (0,5-1,5 mm) e também o movimento de alimentação.

CAPÍTULO 4

PLANEAMENTO EXPERIMENTAL, CONCEPÇÃO DAS EXPERIÊNCIAS E FUNCIONAMENTO DA INSTALAÇÃO EDM

4.1Introdução

Para prever o efeito de vários parâmetros de Microfuração Eletroquímica (EMD) nas caraterísticas de maquinação, por exemplo, taxa de remoção de material, profundidade média de sobrecorte radial, é realizada uma série de experiências utilizando a variação de diferentes parâmetros de corte. Este capítulo explica sucintamente o plano da experiência, ou seja, os materiais da peça de trabalho, o eletrólito utilizado, o tamanho do elétrodo, a metodologia experimental e o desenho experimental, a definição dos parâmetros de entrada, os instrumentos utilizados para medir as caraterísticas de maquinagem dos microfuros durante a operação EMD. São efectuadas algumas experiências de ensaio para decidir a gama de parâmetros de entrada. Com base no desempenho das experiências de ensaio, são estabelecidos níveis paramétricos para a continuação da experimentação. Em seguida, realiza-se um número específico de experiências de acordo com o método de Taguchi baseado na conceção de experiências para investigar o efeito paramétrico durante a microperfuração eletroquímica de Al/10%vol Al2O3-MMC.

4.2 Planear a experimentação

Foi desenvolvida e fabricada uma configuração de microperfuração eletroquímica para a realização da investigação experimental. Foram realizados diferentes ensaios de microperfuração em espécimes Al/Al2O3-MMC condutores de eletricidade e altamente resistentes ao desgaste utilizando a configuração micro EMD desenvolvida. A Tabela-4.1 mostra os detalhes sobre a configuração de microperfuração desenvolvida, a peça de trabalho e o eletrólito utilizados para a experimentação. A Tabela-4.2 mostra os diferentes parâmetros e os seus níveis considerados para a investigação experimental.

Para a investigação experimental, foi utilizada a matriz ortogonal L16 (3^5) baseada no método de Taguchi [51]. As taxas de remoção de material são determinadas pela diferença de peso das peças de trabalho antes e depois de cada microfuro. Foi utilizada uma balança eletrónica da Contech (Instrument) com uma resolução de 0,001 g para pesar as peças antes e depois de cada execução. O sobrecorte radial dos microfuros foi medido utilizando um somógrafo (20X) de precisão 1iim. Foram tiradas diferentes micrografias dos microfuros utilizando a Micrografia Eletrónica de Varrimento (SEM) para analisar a textura da superfície do furo maquinado.

Quadro 4.1: Pormenores das condições experimentais

Machine tool used	Developed Electrochemical Micro Drilling setup
Electrolyte used	Sodium Chloride (NaCl) + Hydrochloric acid (HCl)
Concentration	(i) 50g of NaCl /Litre +10ml/Litre HCl of Tap water.

(ii) 75g of NaCl /Litre +15ml/Litre HCl of Tap water.

(iii) 100g of NaCl /Litre +20ml/Litre HCl of Tap water.

(iv) 125g NaCl /Litre +25ml/Litre HCl of Tap water.

Work-piece : Electrically conductive high strength-high-temperature-resistant Al/10%vol Al2O3 – MMC.

Work-piece thickness : 1.25, 2, 3.5 and 3 mm.

Tool used : IS- 3738/ T35Cr5Mo1V30 with varying diameter of 100 μm to 500 μm

---

Quadro 4.2: Parâmetros EMD desenvolvidos e respectivos níveis

Parameters, their symbols and units	Parametric levels			
	1	2	3	4
A: DC supply voltage (X_1, *Volt*)	5	10	15	20
B: Electrolyte concentration X_2, (NaCl, *g/l* + HCl, *ml/l*)	50+10	75+15	100+20	125+25
C: Electrolyte flow rate (*l/hr*)	80	120	160	200
D: Bare Tool Tip Length(*mm*)	0.7	1.2	1.7	2.2

O cloreto de sódio com a composição química abaixo mencionada é utilizado para fazer o eletrólito.

Chemical	**% age**
Assay	99.5 (min)
Alkalinity	0.1ml.N/1 (max)
Ammonia(NH3)	0.002
Sulphate (SO3)	0.02 (max)
Potassium (K)	0.02 (max)
Sulphate (SO3)	0.02 (max)
Iron (Fe)	0.002% (max)

O ácido clorídrico com a composição química abaixo mencionada é utilizado para fazer o eletrólito

Chemical	**% age**
Assay	35-37
Non-volatile matter	0.02 (max)
Sulphuric Acid (H2SO3)	0.0001 (max)
Arsenic (As)	0.0001 (max)
Iron (Fe)	0.0005 (max)
Lead (Pb)	0.0005 (max)
Free Chlorine	0.0005 (max)

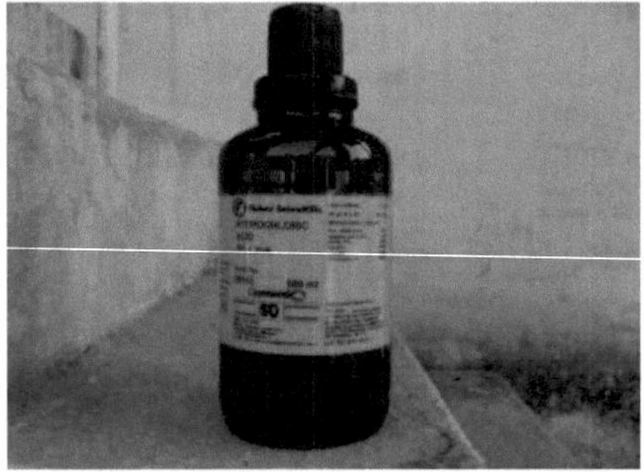

A Figura 4.1 mostra o HCl utilizado para fazer o eletrólito e, em seguida, este eletrólito preparado é utilizado para realizar as experiências.

4.3 Projeto robusto baseado no método Taguchi utilizado para a experimentação

De acordo com o método de Taguchi, foi utilizada uma matriz ortogonal L16 (3^5) para a investigação experimental. A Tabela 4.3 mostra que a matriz ortogonal L16 (3^5) foi considerada para a experimentação.

A tabela 4.3 mostra a matriz ortogonal L16 (3)^5

Exp.No	Column			
1	1	1	1	1
2	1	2	2	2
3	1	3	3	3
3	1	3	3	3
5	2	1	2	3
6	2	2	1	3
7	2	3	3	1
8	2	3	3	2

9	3	1	3	3
10	3	2	3	3
11	3	3	1	2
12	3	3	2	1
13	3	1	3	2
13	3	2	3	1
15	3	3	2	3
16	3	3	1	3

4.4Metodologia utilizada para as optimizações paramétricas

O Dr. Taguchi combinou dois componentes, como o desejável e o indesejável, numa única medida de desempenho designada por relação sinal/ruído (S/N). Existem três categorias de caraterísticas de qualidade, tais como: Menor - melhor, Normal - melhor e Maior - melhor.
A relação S/N é utilizada para medir as caraterísticas de qualidade e é também utilizada para medir os parâmetros de maquinagem significativos através da Análise de Variância (ANOVA) e do valor do teste "F".
Princípio "quanto maior, melhor
Na perfuração de microfuros, a profundidade do furo e a taxa de remoção de material são consideradas como as caraterísticas de qualidade com base nas estatísticas sumárias do princípio do melhor desempenho. A estatística sumária, η (dB), da caraterística de desempenho "lager-the better" é expressa da seguinte forma

$$= -10 \log_{10} . \left[1/n \sum_{i=1}^{n} 1/y_i^2 \right] ; \quad i = 1,2,\text{--------}n; \quad \text{- - - - - - - - - - - - -} \text{ Eqn. } 4.1$$

Em que, η é o rácio S/N em dB,

n é o número de repetições da i-ésima experiência,

y_i é o valor de resposta ou as caraterísticas de qualidade na i-ésima experiência.

As relações S/N para a profundidade do furo e a taxa de remoção de material são calculadas utilizando a relação matemática acima.

4.5Metodologia adoptada para o desenvolvimento dos Modelos Matemáticos

Em muitos problemas, há duas ou mais variáveis que estão relacionadas, e é interessante modelar e explorar a relação. Em geral, suponha que existe uma única variável dependente ou resposta y que depende de k variáveis independentes ou de regressão, por exemplo, x_1 , x_2 ,...,x_k . Um modelo matemático designado por modelo de regressão caracteriza a relação entre estas variáveis. O modelo de regressão é um ajuste a um conjunto de amostras de dados. Em alguns casos, o experimentador conhece a forma exacta da verdadeira relação funcional entre y e x_1 , x_2 ,..., x_k , digamos y =ϕ (x_1 , x_2 , ,x_k).

No entanto, na maioria dos casos, a verdadeira relação funcional é desconhecida e o experimentador escolhe uma função adequada para aproximarϕ . Os modelos polinomiais de baixa ordem são amplamente utilizados como funções de aproximação. Existe uma forte interação entre a conceção de experiências e a análise de regressão. Os métodos de regressão são frequentemente utilizados para analisar dados de experiências não planeadas, como as que podem resultar da observação de fenómenos não controlados ou de registos históricos.

4.5.1 Ajustar modelos de regressão

O método dos mínimos quadrados é normalmente utilizado para estimar os coeficientes de regressão num modelo de regressão linear múltipla. Suponha-se que estão disponíveis n>k observações sobre as variáveis de resposta, nomeadamente y_1 , y_2 , , yn. Juntamente com cada resposta observada y_i , teremos uma observação em cada variável regredida e deixemos x_{ij} denotar a Ith observação ou nível da variável x_j . Escrevemos a equação do modelo como

$$y = \beta_0 + \beta_1 x_1 + \beta_2 x_2 + \dots\dots\dots\dots\dots\dots + \beta_k x_k + \varepsilon_I$$ - - - - - - - - - - - - - - Eqn.4.2

Ou

$$y = \beta_0 + \sum_{j=1, i=1}^{k} \beta_i x_{ij} + \varepsilon_i \qquad i = 1,2,\dots\dots,n$$ - - - - - - - - - - - - - Eqn.4.3

É mais simples resolver as equações normais se elas forem expressas em notação matricial. Apresentamos de seguida um desenvolvimento matricial das equações normais. A equação 3.3 pode ser escrita em notação matricial como

$$y = X\beta + \varepsilon$$ - - - - - - - - - - - - - Eqn.4.4

Onde

$$y = \begin{bmatrix} y_1 \\ y_2 \\ . \\ . \\ . \\ y_n \end{bmatrix} \quad X = \begin{bmatrix} 1 & x_{11} & x_{12} & . & . & . & x_{1k} \\ 1 & x_{21} & x_{22} & . & . & . & x_{2k} \\ . & . & . & . & . & . & . \\ . & . & . & . & . & . & . \\ . & . & . & . & . & . & . \\ 1 & x_{n1} & x_{n2} & . & . & . & x_{nk} \end{bmatrix} \quad \beta = \begin{bmatrix} \beta_0 \\ \beta_1 \\ . \\ . \\ . \\ \beta_k \end{bmatrix} \quad \varepsilon = \begin{bmatrix} \varepsilon_0 \\ \varepsilon_1 \\ . \\ . \\ . \\ \varepsilon_n \end{bmatrix}$$

Em geral, y é um vetor (nx1) das observações, X é uma matriz (nxk) dos níveis das variáveis independentes, β é um vetor (kxl) dos coeficientes de regressão e ε é um vetor (nx1) dos erros aleatórios.

Pretendemos encontrar o vetor de estimadores de mínimos quadrados, $\hat{\beta}$, que minimiza

$$L = \sum_{i=1}^{n} \varepsilon_i^2 = \varepsilon' \varepsilon = (y - X\beta)'(y - X\beta)$$ - - - - - - - - - - - - - Eqn.4.5

Note-se que L pode ser expresso como

$$L = y'y - \beta'X'y - y'X\beta + \beta'X'X\beta \quad \text{------------- Eqn.4.6}$$

$$L = y'y - \beta'X'y - y'X\beta + \beta'X'X\beta \quad \text{------------- Eqn.4.7}$$

Uma vez que β'X'y é uma matriz (1x1) ou um escalar e a sua transposta (β'X'y)' = y'Xβ é o mesmo escalar. Os estimadores de mínimos quadrados devem satisfazer

$$\left.\frac{\partial L}{\partial \beta}\right|_{\hat{\beta}} = -2X'y + 2X'X\hat{\beta} = 0 \quad \text{------------- Eqn.4.8}$$

o que simplifica para

$$X'X\hat{\beta} = X'y \quad \text{------------- Eqn.4.9}$$

A equação (3.9) é a forma matricial da equação normal de mínimos quadrados. Para resolver a equação normal, multiplica-se ambos os lados da equação pelo inverso de X'X. Assim, o estimador de mínimos quadrados de β é

$$\hat{\beta} = (X'X)^{-1}X'y \quad \text{------------- Eqn.4.10}$$

4.5.2Análise do modelo de segunda ordem para otimização

Quando o experimentador está relativamente próximo do ótimo, é normalmente necessário um modelo que incorpore a curvatura para aproximar a resposta. Na maioria dos casos, um modelo de segunda ordem é adequado. Como referido anteriormente, um modelo de segunda ordem pode ser escrito como

$$y = \beta_0 + \sum_{i=1}^{k}\beta_i x_i + \sum_{i=1}^{k}\beta_{ii}x_i^2 + \sum_{j=1}^{k}\sum_{i<j}\beta_{ij}x_i x_j + \varepsilon \quad \text{------------- Eqn.4.11}$$

Suponhamos que queremos encontrar os níveis de x_1 , x_2 ,...,x_k que optimizam a resposta prevista. Este ponto, se existir, será o conjunto de x_1 , x_2 ,...,x_k para os quais as derivadas parciais

$$\frac{\partial y}{\partial x_1} = \frac{\partial y}{\partial x_2} = \Lambda\ \Lambda = \frac{\partial y}{\partial x_k} = 0 \quad \text{------------- Eqn.4.12}$$

Este ponto, digamos x_{1s} , x_{2s} , ,x_{ks} é designado por ponto estacionário. O ponto estacionário pode representar um ponto de resposta máxima, um ponto de resposta mínima ou um ponto de sela.

Podemos obter uma solução matemática geral para a localização do ponto de sela. Escrevendo o modelo de segunda ordem em notação matricial, temos

$$y = \beta_0 + x'b + x'bx \quad \text{-------------}$$

Eqn.4.13

Onde

$$x = \begin{bmatrix} x_1 \\ x_2 \\ \cdot \\ \cdot \\ \cdot \\ x_k \end{bmatrix} \quad b = \begin{bmatrix} \beta_1 \\ \beta_2 \\ \cdot \\ \cdot \\ \cdot \\ \beta_k \end{bmatrix} \quad B = \begin{bmatrix} \beta_{11} & \beta_{12}/2 & \cdot & \cdot & \cdot & \beta_{1k}/2 \\ & \beta_{22} & \cdot & \cdot & \cdot & \beta_{1k}/2 \\ & & & & & \\ & & & & & \\ sym & & & & & \beta_{kk} \end{bmatrix}$$

Ou seja, b é um vetor (kx1) dos coeficientes de regressão de primeira ordem e B é uma matriz simétrica (kxk) cujos elementos da diagonal principal são os coeficientes quadráticos puros e cujos elementos da diagonal secundária são metade dos coeficientes quadráticos mistos. A derivada de y em relação aos elementos do vetor x igual a 0(zero) é

$$\frac{\partial y}{\partial x} = b + 2Bx = 0 \qquad \text{-------------} \quad \text{Eqn.4.14}$$

O ponto estacionário é a solução para esta equação

$$x_s = -\frac{1}{2}B^{-1}b \qquad \text{-------------} \quad \text{Eqn.4.15}$$

Além disso, podemos encontrar a resposta prevista no ponto estacionário como

$$y_s = \beta_0 + \frac{1}{2}x_s' b \qquad \text{-------------} \quad \text{Eqn.4.16}$$

Tomando os dados experimentais da tabela, as matrizes, de acordo com a equação (3.2), podem ser escritas como

i.e. $\mathbf{y} = \mathbf{X}\boldsymbol{\beta} + \boldsymbol{\varepsilon}$ ------------- Eqn.4.17

Na presente investigação, o número de variáveis é três e o número total de experiências ou execuções realizadas é quarenta e oito.

4.5. 3Coeficiente de correlação (R)^2

Um coeficiente de correlação é um número entre -1 e 1, que mede o grau em que duas variáveis estão linearmente relacionadas. Se existir uma relação linear perfeita com um declive positivo entre as duas variáveis, temos um coeficiente de correlação de 1; se existir uma correlação positiva, sempre que uma variável tem um valor alto (baixo), a outra também tem. Se houver uma relação linear perfeita com declive negativo entre as duas variáveis, temos um coeficiente de correlação de -1; se houver correlação negativa, quando uma variável tem um valor alto (baixo), a outra tem um valor baixo (alto). Um coeficiente de correlação de zero (0) significa que não existe uma relação linear entre as variáveis.

O valor do R-quadrado é um indicador de quão bem o modelo se ajusta aos dados (por exemplo, um R-quadrado próximo de 1,0 indica que explicámos quase toda a variabilidade com as variáveis especificadas no modelo).

Coeficiente de correlação

$$R^2 = \frac{SS_A + SS_B + SSc}{SS_T}$$

4.6 Funcionamento da configuração Micro EMD desenvolvida

Em primeiro lugar, a câmara do eletrólito é devidamente limpa e seca para que não haja impurezas na câmara do eletrólito. Para obter a concentração pré-determinada de eletrólito, mede-se um volume adequado (digamos 100 ml) de água da torneira no balão e deita-se na câmara do eletrólito. Pesa-se uma quantidade adequada (digamos 50gm) de NaCl + 10ml de HCl na balança de pesagem de fracções.

Esta quantidade pesada de NaCl em pó + HCl líquido é misturada em água da torneira com a ajuda de uma vareta de plástico. Uma pequena peça de trabalho composta (cerca de 22 mm x 27 mm) é pesada na máquina de pesagem com uma contagem mínima de 0,001 gm. Esta peça de trabalho composta é mantida no suporte de trabalho. O suporte de trabalho, juntamente com a peça de trabalho composta, é mergulhado no eletrólito 2-3 mm abaixo da camada superior do eletrólito.

Uma alimentação de 220 volts A.C é fornecida ao gerador D.C. que produz uma alimentação D.C na gama de 5 volts D.C a 110 volts. Com a ajuda de um regulador, obtém-se do gerador de corrente contínua uma alimentação constante previamente planeada e esta tensão de corrente contínua é fornecida à ferramenta e ao ânodo mergulhado na câmara de eletrólito. Agora, a corrente alternada de 220 volts é fornecida ao transformador redutor, que reduz a alimentação para 18 volts. A partir da placa de circuitos impressos, o motor é ligado, o que começará a mover a ferramenta para a direção de avanço. A erosão inicia-se quando é mantida uma distância adequada entre a ferramenta e a peça de trabalho.

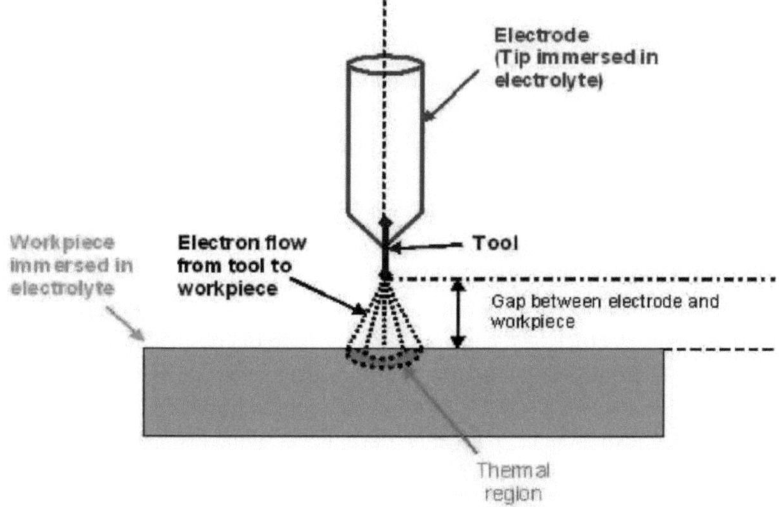

A Figura 4.2 mostra a erosão da peça de trabalho.

A perfuração da peça de trabalho composta começa agora. O movimento para a frente e para trás da ferramenta é controlado pela velocidade do motor escalonado. A alimentação automática da ferramenta é definida para produzir uma erosão contínua com uma folga mantida. A micro-EMD é operada durante um período de tempo previamente planeado. Após completar o período de tempo planeado, todas as fontes de alimentação eléctrica são desligadas.

Agora, a peça composta é novamente pesada. A Taxa de Remoção de Material (MRR) é obtida subtraindo o peso final do peso inicial e dividindo-o pelo tempo necessário para a maquinação. Esta experiência é repetida para diferentes configurações e a MRR (em mg/min) é calculada para estas configurações. A experiência é repetida variando a tensão a uma distância constante entre o ânodo e o cátodo numa determinada concentração de eletrólito. Da mesma forma, a experiência foi repetida variando a distância entre o ânodo e o cátodo com uma tensão constante e uma concentração específica de eletrólito. Do mesmo modo, a experiência foi repetida variando a concentração do eletrólito a uma distância constante entre o ânodo e o cátodo a uma determinada tensão. Em todas as experiências acima referidas, a taxa de remoção de material foi calculada e a profundidade do furo foi verificada em várias fases da realização da experiência. Da mesma forma, são obtidas leituras para a profundidade do furo medindo a profundidade do furo produzido pela micro-EMD com um medidor de profundidade.

4.7 Precauções de segurança durante a experiência

Antes de realizar a experiência, foram tomadas as seguintes precauções de segurança.

(1) O NaCl em pó e o HCl devem ser manuseados com as mãos calçadas com luvas.

(2) Os ventiladores de exaustão do laboratório devem estar ligados para permitir a saída dos gases produzidos pela reação química do NaCl em pó e do HCl durante a erosão, durante a realização da experiência.

(3) Manter uma distância suficiente da câmara do eletrólito para evitar qualquer contacto dos olhos com os gases do produto devido à reação química do NaCl em pó e HCl durante a erosão.

(4) Evitar a inalação dos gases do produto devido à reação química do NaCl em pó e do HCl durante a erosão.

(5) Para evitar as impurezas no eletrólito, a câmara do eletrólito deve ser cuidadosamente limpa com água e seca antes de se misturarem as quantidades de NaCl em pó, HCl e água da torneira.

(6) Todas as ligações eléctricas devem estar bem apertadas e devidamente isoladas, para evitar choques eléctricos e o contacto com peças do micro EMD.

(7) O nível do eletrólito na câmara do eletrólito deve estar 2-3 mm acima da ponta da ferramenta, mas o nível do eletrólito desce com a passagem do tempo durante a realização da experiência, pelo que deve haver uma disposição necessária para fornecer o eletrólito adicional da mesma concentração que se encontra na câmara do eletrólito.

CAPÍTULO 5

RESULTADOS E DEBATES

5.1 Introdução

Foi efectuada uma série de experiências com variação de diferentes parâmetros de corte e os resultados foram apresentados para discussão. No capítulo, foram elaboradas várias tabelas para representar os resultados experimentais. Foram traçados diferentes gráficos para analisar o efeito de vários parâmetros de microperfuração eletroquímica (EMD) nas caraterísticas de maquinagem, por exemplo, taxa de remoção de material, profundidade média de sobrecorte radial. Os resultados dos testes são analisados para identificar os parâmetros mais eficazes da configuração EMD desenvolvida. Diferentes micrografias electrónicas de varrimento (SEM) mostram as caraterísticas dos microfuros gerados durante a operação EMD.

A Tabela 5.1 representa os resultados investigados obtidos durante a maquinação de microfuros em MMC de alumínio/alumina (Al/Al2O3) condutor de eletricidade e resistente a altas temperaturas, utilizando a configuração EMD desenvolvida. Os resultados da maquinação foram obtidos a um tempo de maquinação constante, a um caudal constante de eletrólito, a um comprimento constante da ponta da ferramenta nua e a uma concentração constante de eletrólito (por exemplo, tempo de maquinação = 60 min, caudal de eletrólito = 160 l/h, comprimento da ponta da ferramenta nua = 1,2 mm, concentração de eletrólito = 100 g/litro) com variação da tensão de alimentação CC, por exemplo, de 5 volts para 25 volts, como se mostra na tabela 5.1.

A Tabela 5.1 mostra os resultados experimentais da taxa de remoção de material (MRR, mg/min)

D.C. Voltage	5	10	15	20	25
MRR_1 (mg/min)	1.21	1.48	1.60	1.82	2.35
MRR_2 (mg/min)	1.26	1.60	1.68	1.90	2.41
MRR_3(mg/min)	1.32	1.55	1.75	1.96	2.46
Average MRR (mg/min)	1.26	1.54	1.67	1.89	2.40

Na figura 5.1, os resultados investigados obtidos durante a maquinagem de microfuros em material MMC de alumínio/alumina (Al/Al2O3) condutor de eletricidade e resistente a altas temperaturas, utilizando a configuração EMD desenvolvida, foram representados em forma de gráfico. A figura 5.1 mostra claramente que, inicialmente, se regista um ligeiro aumento da MRR com o aumento da tensão CC de alimentação e, posteriormente, a MRR aumenta acentuadamente com o aumento da tensão CC de alimentação. A figura 5.1 é um gráfico traçado para tempo de maquinagem constante, caudal de eletrólito constante, comprimento da ponta da ferramenta nua e concentração de eletrólito constante, por exemplo, tempo de maquinagem = 60 min, caudal de eletrólito = 160 l/h, comprimento da ponta da ferramenta nua = 1,2 mm, concentração de eletrólito = 100 g/litro com variação da tensão CC de alimentação, por exemplo, de 5 volts para 25 volts.

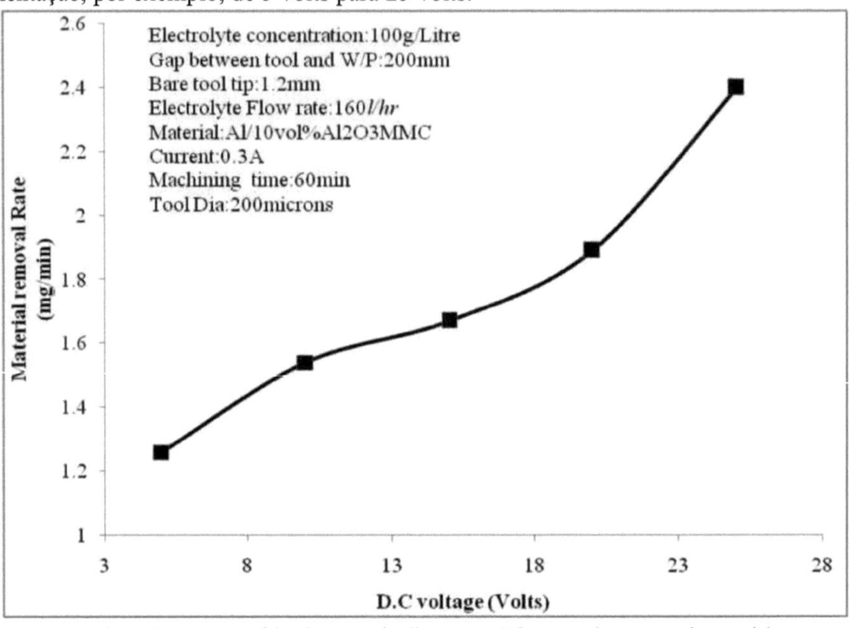

A Figura 5.1 mostra o efeito da tensão de alimentação DC na taxa de remoção de material.

A Tabela 5.2 representa os resultados investigados obtidos durante a maquinação de microfuros em MMC de alumínio/alumina (Al/Al2O3), eletricamente condutor e de elevada resistência a altas temperaturas, utilizando a configuração EMD desenvolvida. Os resultados da maquinação foram obtidos com um tempo de maquinação constante, uma tensão CC de alimentação constante e uma concentração de eletrólito constante, por exemplo, tempo de maquinação = 60 min, tensão CC de alimentação = 15 volts, caudal de eletrólito = 160 l/h, concentração de eletrólito = 100 g/litro com variação do comprimento da ponta da ferramenta nua, por exemplo, de 0,7 mm a 2,2 mm, como se mostra na tabela 5.2.

A´Tabela 5.2 mostra os resultados experimentais da taxa de remoção de material (MRR, mg/min)

Bare tool tip length (mm)	0.7	1.2	1.7	2.2	2.7
MRR_1 (mg/min)	0.015	0.055	0.073	0.05	0.05
MRR_2 (mg/min)	0.025	0.060	0.065	0.11	0.15
MRR_3 (mg/min)	0.021	0.067	0.074	0.17	0.20
Average MRR (mg/min)	0.02	0.06	0.07	0.11	0.13

Na figura 5.2, os resultados investigados obtidos durante a maquinagem de microfuros em

MMC de alumínio/alumina (Al/Al2O3) condutor de eletricidade e resistente a altas temperaturas, utilizando a configuração EMD desenvolvida, foram representados em forma de gráfico. A figura 5.2 mostra claramente que, inicialmente, se regista um aumento irregular da MRR com o aumento do comprimento da ponta da ferramenta nua e, posteriormente, a MRR aumenta acentuadamente com o aumento do comprimento da ponta da ferramenta nua. A figura 5.2 é um gráfico traçado para um tempo de maquinagem constante, uma tensão CC de alimentação constante, um caudal de eletrólito constante e uma concentração de eletrólito constante, por exemplo, tempo de maquinagem = 60 min, tensão CC de alimentação = 15 volts, caudal de eletrólito = 160 l/h, concentração de eletrólito = 100 g/litro com variação do comprimento da ponta da ferramenta nua, por exemplo, de 0,7 mm para 2,7 mm.

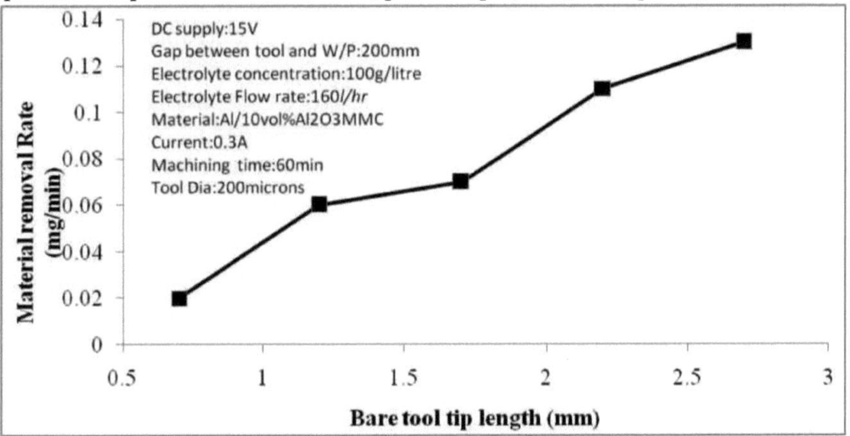

Figura 5.2 - mostra o efeito do comprimento da ponta da ferramenta Bare na taxa de remoção de material.

A Tabela 5.3 representa os resultados investigados obtidos durante a maquinação de microfuros em MMC de alumínio/alumina (Al/Al2O3) condutor de eletricidade e resistente a altas temperaturas, utilizando a configuração EMD desenvolvida. Os resultados da maquinação foram obtidos com um tempo de maquinação constante, um caudal de eletrólito constante, um comprimento constante da ponta da ferramenta nua e uma tensão CC de alimentação constante, por exemplo, tempo de maquinação = 60 min, caudal de eletrólito = 160 l/h, comprimento da ponta da ferramenta nua = 1,2 mm, tensão CC de alimentação = 15 volts com variação da concentração do eletrólito (NaCl) sem utilizar HCL, por exemplo, de 50 g/litro para 150 g/litro, como se mostra na tabela 5.3.

A Tabela 5.3 mostra os resultados experimentais da taxa de remoção de material (MRR, mg/min)

Electrolyte Concentration NaCl (g/Litre)	50	75	100	125	150
MRR_1 (mg/min)	1.39	1.58	1.92	1.97	2.47
MRR_2 (mg/min)	1.45	1.63	1.99	2.3	2.52

MRR3 (mg/min)	1.51	1.69	2.2	2.7	2.56
Average MRR (mg/min)	1.45	1.63	2.00	2.32	2.51

Na figura 5.3, os resultados investigados obtidos durante a maquinagem de microfuros no MMC de alumínio/alumina (Al/Al2O3) condutor de eletricidade e resistente a altas temperaturas, utilizando a configuração EMD desenvolvida, foram representados em forma de gráfico.

A partir da figura 5.3, é evidente que, inicialmente, há um ligeiro aumento da MRR com o aumento da concentração do eletrólito NaCl e, posteriormente, a MRR aumenta acentuadamente com o aumento da concentração do eletrólito. A figura 5.3 é um gráfico traçado para um tempo de maquinagem constante, uma tensão CC de alimentação constante, um comprimento constante da ponta da ferramenta nua e um caudal constante de eletrólito, por exemplo, tempo de maquinagem = 60 min, tensão CC de alimentação = 15 volts, comprimento da ponta da ferramenta nua = 1,2 mm, caudal de eletrólito = 160 l/h com variação da concentração do eletrólito NaCl sem utilização de HCl, por exemplo, de 50 g/litro para 150 g/litro.

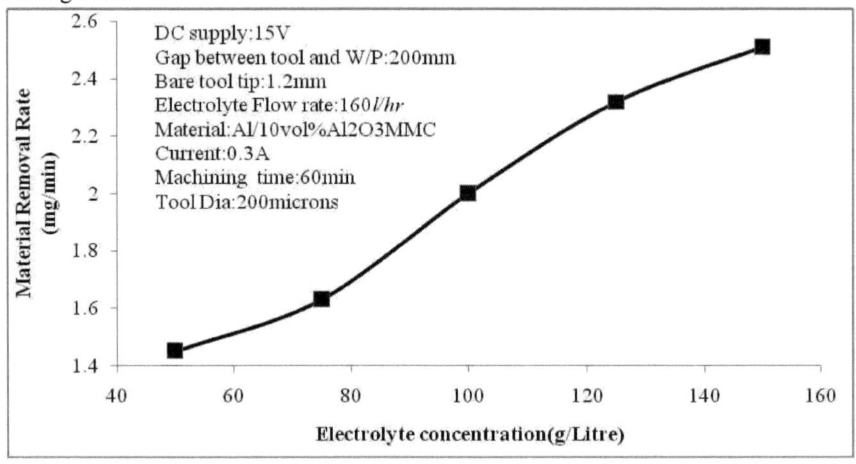

A figura 5.3 mostra o efeito da concentração do eletrólito na taxa de remoção de material.

A Tabela 5.4 representa os resultados investigados obtidos durante a maquinação de microfuros em MMC de alumínio/alumina (Al/Al2O3) condutor de eletricidade e resistente a altas temperaturas, utilizando a configuração EMD desenvolvida. Os resultados da maquinação foram obtidos com um tempo de maquinação constante, um caudal de eletrólito constante, um comprimento constante da ponta da ferramenta nua e uma tensão CC de alimentação constante, por exemplo, tempo de maquinação = 60 min, caudal de eletrólito = 160 l/h, comprimento da ponta da ferramenta nua = 1,2 mm, tensão CC de alimentação = 15 volts com variação da concentração do eletrólito (NaCl+ HCL), por exemplo, de 50 g/litro+10 ml/litro para 150 g/litro+30 ml/litro, como se mostra na tabela 5.4.

A Tabela 5.4 mostra os resultados experimentais da taxa de remoção de material (MRR, mg/min)

Electrolyte Concentration(NaCl+ Hcl) (g/Litre+ ml/Litre)	50+10	75+15	100+20	125+25	150+30
MRR_1 (mg/min)	1.47	1.61	2.01	2.36	2.65
MRR_2 (mg/min)	1.53	1.67	2.10	2.43	2.65
MRR_3 (mg/min)	1.55	1.73	2.19	2.50	2.65
Average MRR (mg/min)	1.51	1.67	2.10	2.43	2.65

Na figura 5.4, os resultados investigados obtidos durante a maquinagem de microfuros em MMC de alumínio/alumina (Al/Al2O3) condutor de eletricidade e resistente a altas temperaturas, utilizando a configuração EMD desenvolvida, foram representados em forma de gráfico. A partir da figura 5.4, é evidente que, inicialmente, há um ligeiro aumento da MRR com o aumento da concentração do eletrólito (NaCl+ HCl) e, posteriormente, a MRR aumenta acentuadamente com o aumento da concentração do eletrólito. A figura 5.4 é um gráfico traçado para um tempo de maquinagem constante, uma tensão CC de alimentação constante, um comprimento constante da ponta da ferramenta nua e um caudal constante de eletrólito, por exemplo, tempo de maquinagem = 60 min, tensão CC de alimentação = 15 volts, comprimento da ponta da ferramenta nua = 1,2 mm e caudal de eletrólito = 160 l/h com variação da concentração do eletrólito NaCl+ HCl, por exemplo, de 50 g/litro+10 ml/litro para 150 g/litro+30 ml/litro.

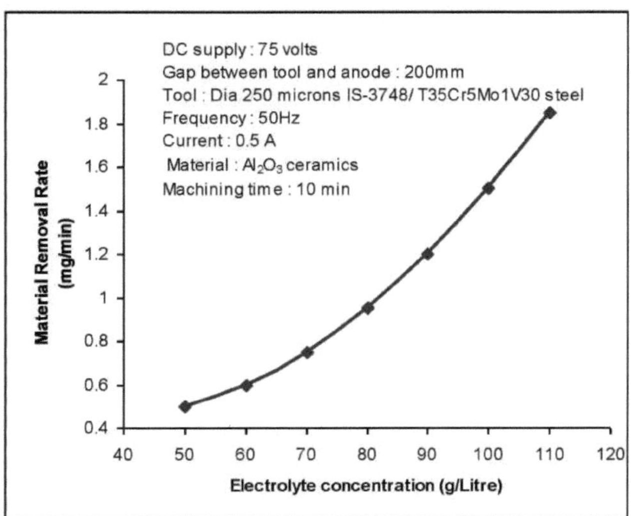

A figura 5.4 mostra o efeito da concentração do eletrólito (NaCl+HCl) na taxa de remoção de material

A Tabela 5.5 representa os resultados investigados obtidos durante a maquinação de microfuros em MMC de alumínio/alumina (Al/Al2O3) condutor de eletricidade e resistente a altas temperaturas, utilizando a configuração EMD desenvolvida. Os resultados da maquinação foram obtidos com um tempo de maquinação constante, uma concentração de eletrólito constante, um comprimento constante da ponta da ferramenta nua e uma tensão CC de alimentação constante, por exemplo, tempo de maquinação = 60 min, concentração de eletrólito = 100g/litro, comprimento da ponta da ferramenta nua = 1,2 mm, tensão CC de alimentação = 15 volts com variação do caudal de eletrólito, por exemplo, de 80 l/h a 240 l/h, como se mostra na tabela 5.5.

A Tabela 5.5 mostra os resultados experimentais da taxa de remoção de material (MRR, mg/min)

Electrolyte flow Rate (Litre/hr)	80	120	160	200	240
MRR_1 (mg/min)	0.73	0.87	1.12	1.37	1.59
MRR_2 (mg/min)	0.78	0.99	1.12	1.49	1.63
MRR_3 (mg/min)	0.85	0.93	1.12	1.57	1.71
Average MRR (mg/min)	0.78	0.93	1.12	1.47	1.64

Na figura 5.5, os resultados investigados obtidos durante a maquinagem de microfuros no MMC de alumínio/alumina (Al/Al2O3) condutor de eletricidade e resistente a altas temperaturas, utilizando a configuração EMD desenvolvida, foram representados em forma de gráfico. A figura 5.5 mostra claramente que, inicialmente, há um ligeiro aumento da MRR com o aumento do caudal do eletrólito e que, posteriormente, a MRR aumenta acentuadamente com o aumento do caudal do eletrólito. A figura 5.5 é um gráfico traçado para um tempo de maquinagem constante, uma tensão CC de alimentação constante, um comprimento constante da ponta da ferramenta nua e uma concentração constante de eletrólito, por exemplo, tempo de maquinagem = 60 min, tensão CC de alimentação = 15 volts, comprimento da ponta da ferramenta nua = 1,2 mm e concentração de eletrólito = 100 g/litro com variação do caudal de eletrólito, por exemplo, de 80 l/h a 240 l/h.

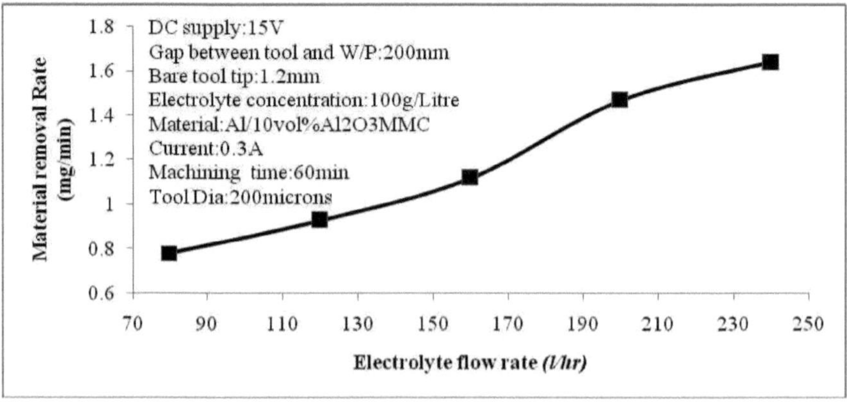

A Figura 5.5 mostra o efeito do caudal do eletrólito na taxa de remoção de material

A Tabela 5.6 representa os resultados investigados obtidos durante a maquinação de microfuros em MMC de alumínio/alumina (Al/Al2O3) condutor de eletricidade e resistente a altas temperaturas, utilizando a configuração EMD desenvolvida. Os resultados da maquinagem foram obtidos com um tempo de maquinagem constante, um comprimento constante da ponta da ferramenta nua, um caudal constante de eletrólito e uma concentração constante de eletrólito, por exemplo, tempo de maquinagem = 60 min, comprimento da ponta da ferramenta nua = 1,2 mm, caudal de eletrólito = 160 l/h e concentração de eletrólito = 100 g/litro com variação da tensão de alimentação DC, por exemplo, de 5 volts para 25 volts, como se mostra na tabela 5.6.

A Tabela 5.6 mostra os resultados experimentais para a profundidade média do corte radial (mm)

D.C. Voltage	5	10	15	20	25
$ADRC_1$(mm)	0.35	0.56	0.89	1.07	1.19
$ADRC_2$ (mm)	0.49	0.59	0.93	1.13	1.26
$ADRC_3$ (mm)	0.59	0.69	0.97	1.23	1.39
Av. ADRC (mm)	0.47	0.61	0.93	1.14	1.28

Na figura 5.6, os resultados investigados obtidos durante a maquinagem de microfuros no MMC de alumínio/alumina (Al/Al2O3) condutor de eletricidade e resistente a altas temperaturas, utilizando a configuração EMD desenvolvida, foram representados em forma de gráfico. A partir da figura 5.6, é evidente que, inicialmente, se regista um aumento irregular da profundidade média do corte radial com o aumento da tensão de alimentação DC e, posteriormente, um aumento acentuado da profundidade média do corte radial com o aumento da tensão de alimentação DC. A figura 5.4 é um gráfico traçado para um tempo de maquinagem constante, um comprimento constante da ponta da ferramenta nua, um caudal constante de eletrólito e uma concentração constante de eletrólito, por exemplo, tempo de maquinagem = 60 min, comprimento da ponta da ferramenta nua = 1,2 mm, caudal de eletrólito = 160 l/h e concentração de eletrólito = 100 g/l com variação da tensão CC de alimentação, por exemplo, de 5 volts para 25 volts.

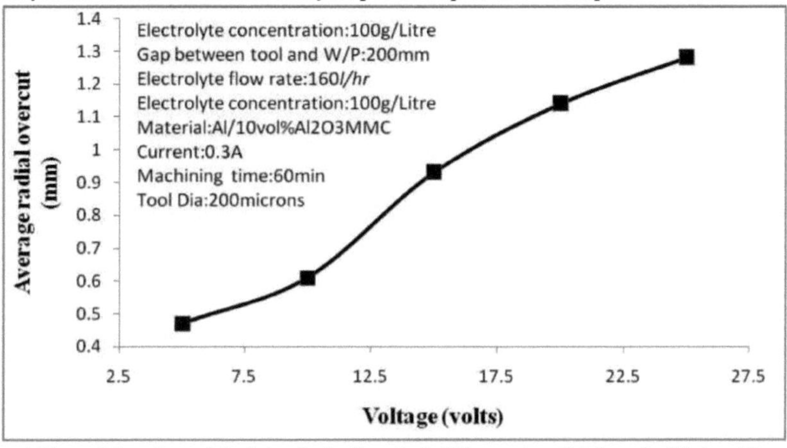

A Figura 5.6 mostra o efeito da tensão de alimentação DC no corte radial de profundidade média.

A Tabela 5.7 representa os resultados investigados obtidos durante a maquinação de microfuros em MMC de alumínio/alumina (Al/Al2O3) condutor de eletricidade e resistente a altas temperaturas, utilizando a configuração EMD desenvolvida. Os resultados da maquinação foram obtidos com um tempo de maquinação constante, um comprimento constante da ponta da ferramenta nua, um caudal de eletrólito constante e uma tensão CC constante, por exemplo, tempo de maquinação = 60 min, comprimento da ponta da ferramenta nua = 1,2 mm, caudal de eletrólito = 160 l/h e tensão CC = 15 volts com variação da concentração do eletrólito de alimentação NaCl sem utilização de HC, por exemplo, de 50 g/l para 150 g/l, como se mostra na tabela 5.7.

A Tabela 5.7 mostra os resultados experimentais para a profundidade média do corte radial (mm)

Electrolyte concentration (g/Litre)	50	75	100	125	150
$ADRC_1$(mm)	0.035	0.067	0.083	0.103	0.116
$ADRC_2$ (mm)	0.043	0.079	0.091	0.110	0.126
$ADRC_3$ (mm)	0.004 7	0.084	0.093	0.117	0.135
Av. ADRC(mm)	0.041	0.076	0.089	0.110	0.125

Na figura 5.7, os resultados investigados obtidos durante a maquinagem de microfuros em MMC de alumínio/alumina (Al/Al2O3) condutor de eletricidade e resistente a altas temperaturas, utilizando a configuração EMD desenvolvida, foram representados em forma de gráfico. A figura 5.7 mostra claramente que, inicialmente, há um aumento irregular do corte radial médio com o aumento da concentração de eletrólito (NaCl) e, posteriormente, o corte radial médio aumenta acentuadamente com o aumento da concentração de eletrólito. A Figura 5.7 é um gráfico traçado para um tempo de maquinagem constante, um comprimento constante da ponta da ferramenta nua, um caudal constante de eletrólito e uma tensão CC constante, por exemplo, tempo de maquinagem = 60 min, comprimento da ponta da ferramenta nua = 1,2 mm, caudal de eletrólito = 160 l/h e tensão CC = 15 volts com variação da concentração de eletrólito, por exemplo, de 50 g/l para 150 g/l.

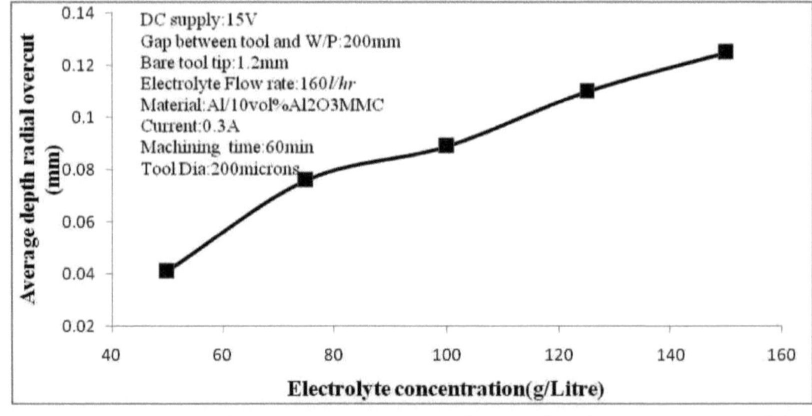

A Figura 5.7 mostra o efeito da concentração do eletrólito na profundidade média do corte radial

A Tabela 5.8 representa os resultados investigados obtidos durante a maquinação de microfuros em MMC de alumínio/alumina (Al/Al2O3) condutor de eletricidade e resistente a altas temperaturas, utilizando a configuração EMD desenvolvida.

Os resultados da maquinação foram obtidos com um tempo de maquinação constante, um comprimento constante da ponta da ferramenta nua, um caudal de eletrólito constante e uma tensão CC constante, por exemplo, tempo de maquinação = 20 min, comprimento da ponta da ferramenta nua = 1,2 mm, caudal de eletrólito = 160 l/h e tensão CC = 15 volts com variação da concentração do eletrólito de alimentação NaCl + HCl, por exemplo, de 50 g/l+10 ml/l para 150 g/l+30 ml/l, como se mostra na tabela 5.8

A Tabela 5.8 mostra os resultados experimentais para a profundidade média do corte radial (mm)

Electrolyte concentration (NaCl+HCl)(gm/Litre+ml/ Litre)	50+10	75+15	100+20	125+25	150+30
$ADRC_1$(mm)	0.045	0.076	0.089	0.119	0.125
$ADRC_2$ (mm)	0.049	0.083	0.098	0.126	0.137
$ADRC_3$ (mm)	0.056	0.085	0.106	0.132	0.147
Av. ADRC (mm)	0.050	0.081	0.097	0.125	0.136

Na figura 5.8, os resultados investigados obtidos durante a maquinagem de microfuros em material MMC de alumínio/alumina (Al/Al2O3) condutor de eletricidade e resistente a altas temperaturas, utilizando a configuração EMD desenvolvida, foram representados em forma de gráfico.

A partir da figura 5.8, é evidente que, inicialmente, há um ligeiro aumento da profundidade média do corte radial com o aumento da concentração do eletrólito (NaCl+HCl) e que, posteriormente, a profundidade média do corte radial aumenta acentuadamente com o aumento da concentração do eletrólito (NaCl+HCl).

A Figura 5.8 é um gráfico traçado para um tempo de maquinação constante, tensão CC de alimentação constante, caudal de eletrólito e comprimento da ponta da ferramenta nua, por exemplo Tempo de maquinação = 20 min, tensão CC de alimentação = 15 volts, caudal de eletrólito = 160 l/h e comprimento da ponta da ferramenta nua = 1,2 mm com variação da concentração de eletrólito, por exemplo, de 50g/litro+10ml/litro a 150g/litro.+30ml/litro.

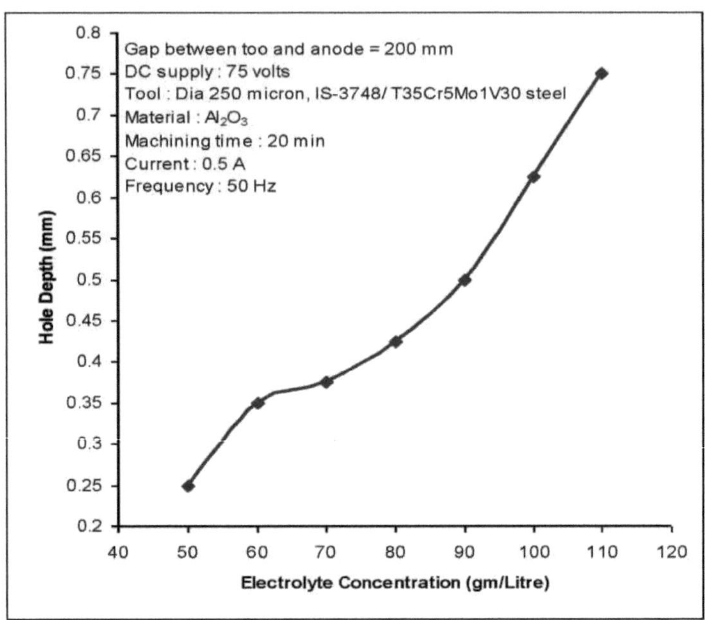

A Figura 5.8 mostra o efeito da concentração do eletrólito (NaCl+HCl) na profundidade média do corte radial.

A Tabela 5.9 representa os resultados investigados obtidos durante a maquinação de microfuros em MMC de alumínio/alumina (Al/Al2O3) condutor de eletricidade e resistente a altas temperaturas, utilizando a configuração EMD desenvolvida. Os resultados da maquinação foram obtidos com um tempo de maquinação constante, um comprimento constante da ponta da ferramenta nua, uma concentração constante de eletrólito e uma tensão CC constante, por exemplo, tempo de maquinação = 60 min, comprimento da ponta da ferramenta nua = 1,2 mm, concentração de eletrólito = 100 g/litro e tensão CC = 15 volts com variação do caudal do eletrólito NaCl de 80 l/h a 240 l/h, como se mostra na tabela 5.9.

A Tabela 5.9 mostra os resultados experimentais para a profundidade média do corte radial (mm)

Electrolyte flow rate(litre/hr)	80	120	160	200	240
$ADRC_1$(mm)	0.0013	0.0067	0.011	0.009	0.015
$ADRC_2$ (mm)	0.0021	0.0070	0.011	0.013	0.019
$ADRC_3$ (mm)	0.0027	0.0073	0.011	0.025	0.025
Av. ADRC(mm)	0.002	0.007	0.011	0.015	0.019

Na figura 5.9, os resultados investigados obtidos durante a maquinagem de microfuros no

MMC de alumínio/alumina (Al/Al2O3) condutor de eletricidade e resistente a altas temperaturas, utilizando a configuração EMD desenvolvida, foram representados em forma de gráfico. A figura 5.9 mostra claramente que, inicialmente, há um aumento irregular do corte radial médio com o aumento do caudal de eletrólito e, posteriormente, o corte radial médio aumenta acentuadamente com o aumento do caudal de eletrólito. A figura 5.9 é um gráfico traçado para um tempo de maquinagem constante, um comprimento constante da ponta da ferramenta nua, uma concentração constante de eletrólito e uma tensão CC constante, por exemplo, tempo de maquinagem = 60 min, comprimento da ponta da ferramenta nua = 1,2 mm, concentração de eletrólito = 100 g/litro e tensão CC = 15 volts, com variação do caudal de eletrólito, por exemplo, de 80 l/h a 240 l/h.

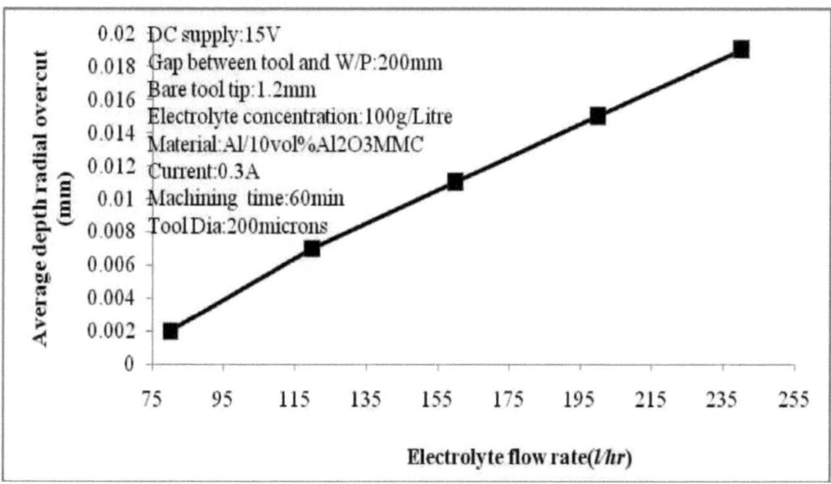

A Figura 5.9 mostra o efeito do caudal de eletrólito na profundidade média do corte radial

A Tabela 5.10 representa os resultados investigados obtidos durante a maquinação de microfuros em MMC de alumínio/alumina (Al/Al2O3) condutor de eletricidade e resistente a altas temperaturas, utilizando a configuração EMD desenvolvida. Os resultados da maquinação foram obtidos com um tempo de maquinação constante, uma concentração constante de eletrólito, um caudal constante de eletrólito e uma tensão CC constante, por exemplo, tempo de maquinação = 60 min, concentração de eletrólito = 100g/litro, caudal de eletrólito = 160l/h e tensão CC = 15 volts com variação do comprimento da ponta da ferramenta Bare, por exemplo, de 0,7 mm a 2,7 mm, como se mostra na tabela 5.10.

A Tabela 5.10 mostra os resultados experimentais para a profundidade média do corte radial (mm)

Bare tool tip length(mm)	0.7	1.2	1.7	2.2	2.7
$ADRC_1$(mm)	1.06	1.05	1.21	1.39	1.69
$ADRC_2$(mm)	1.14	1.13	1.32	1.47	1.64

$ADRC_3$ (mm)	1.20	1.27	1.39	1.56	1.80
Av. ADRC(mm)	1.13	1.15	1.30	1.47	1.71

Na figura 5.10, os resultados investigados obtidos durante a maquinagem de microfuros em MMC de alumínio/alumina (Al/Al2O3) condutor de eletricidade e resistente a altas temperaturas, utilizando a configuração EMD desenvolvida, foram representados em forma de gráfico. A figura 5.10 mostra claramente que, inicialmente, se regista um aumento irregular do sobrecorte radial médio com o aumento do comprimento da ponta da ferramenta nua, após o que o sobrecorte radial médio aumenta acentuadamente com o aumento do comprimento da ponta da ferramenta nua. A figura 5.10 é um gráfico traçado para um tempo de maquinagem constante, uma concentração constante de eletrólito, um caudal constante de eletrólito e uma tensão CC constante, por exemplo, tempo de maquinagem = 60 min, concentração de eletrólito = 100 g/litro, caudal de eletrólito = 160 l/h e tensão CC = 15 volts, com variação do comprimento da ponta da ferramenta nua, por exemplo, de 0,7 mm para 2,7 mm.

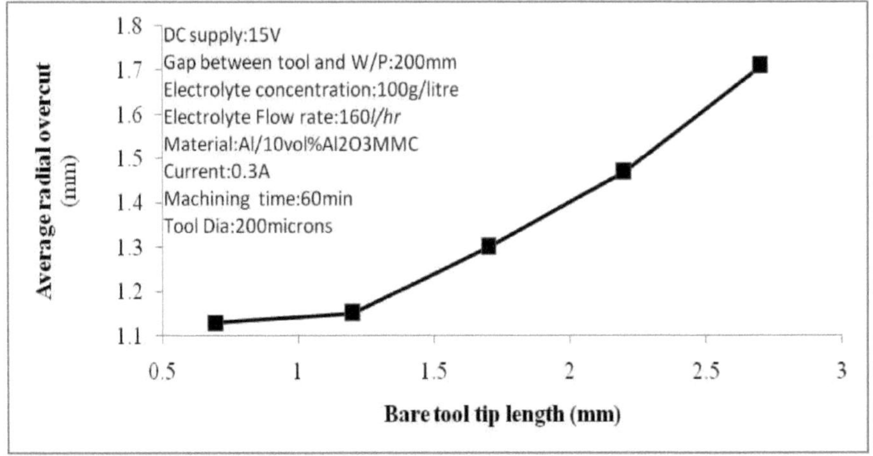

A Figura 5.7 mostra o efeito do comprimento da ponta da ferramenta nua na profundidade média do sobrecorte radial

Foram realizados diferentes testes durante a maquinação de microfuros em MMC de alumínio/alumina (Al/Al2O3), eletricamente não condutor e resistente a altas temperaturas, utilizando a configuração EMD desenvolvida. A Tabela 5.11 mostra os diferentes parâmetros e os seus níveis considerados para a investigação experimental. A matriz ortogonal L16 (4^5) baseada no método de Taguchi foi utilizada para a investigação experimental [35]. As taxas de remoção de material são determinadas pela diferença de peso das peças de trabalho antes e depois de cada microfuro. Foi utilizada uma balança eletrónica Contech (Instrument) com uma resolução de 0,001 g para pesar as peças de trabalho antes e depois de cada execução. A profundidade média do corte radial dos microfuros foi medida utilizando um somógrafo, com uma resolução de 0,001 mm. Foram tiradas diferentes micrografias dos microfuros utilizando a Micrografia Eletrónica de Varrimento (SEM) para analisar a textura da superfície do furo maquinado. Cada amostra de teste foi cortada em duas partes ao longo da linha central de cada microfuro com as precauções necessárias para que a superfície interna não fosse danificada.

Quadro 5.11 Parâmetros desenvolvidos do ECDM e respectivos níveis

Parameters, their symbols and units	Parametric levels			
	1	2	3	4
A: DC supply voltage (X_1, Volt)	5	10	15	20
B: Electrolyte concentration X_2, (NaCl+HCl),(g/Litre)	50	75	100	125
C:Electrolyte flow Rate (Litre/Hr)	80	120	160	200
D:Bare tool Tip Length(mm)	0.7	1.2	1.7	2.2

5.2 Projeto robusto baseado no método Taguchi utilizado para a experimentação

De acordo com o método de Taguchi, é utilizada uma matriz ortogonal L16 (4^5) para a investigação experimental. A tabela 5.12 mostra a matriz ortogonal L16 (4^5) com diferentes parâmetros e os respectivos valores codificados e reais utilizados na experimentação

Tabela- 5.12 Matriz ortogonal L16 (4^5) utilizada para diferentes parâmetros e respectivos valores

Exp. No.	Parametric levels and their coded values				Parametric levels and their actual values			
	X_1:Col. -1	X_2:Col. -2	X_3:Col. -3	X_4:Col. -4	X_1:Col.- 1	X_2:Col. -2	X_3:Col. -3	X_4:Col. -4
1	1	1	1	1	5	50	80	0.7
2	1	2	2	2	5	75	120	1.2
3	1	3	3	3	5	100	160	1.7
4	1	4	4	4	5	125	200	2.2
5	2	1	2	3	10	50	120	1.7
6	2	2	1	4	10	75	80	2.2
7	2	3	4	1	10	100	200	0.7
8	2	4	3	2	10	125	160	1.2
9	3	1	3	4	15	50	160	2.2
10	3	2	4	3	15	75	200	1.7

11	3	3	1	2	15	100	80	1.2
12	3	4	2	1	15	125	120	0.7
13	4	1	4	2	20	50	200	1.2
14	4	2	3	1	20	75	160	0.7
15	4	3	2	4	20	100	120	2.2
16	4	4	1	3	20	125	80	1.7

5.3Razão S/N e otimização paramétrica para a taxa de remoção de material

A Tabela 5.13 mostra a relação S/N (η,dB) para a taxa de remoção de material durante a maquinação de microfuros em MMC de alumínio/alumina (Al/Al2O3) condutor de eletricidade e resistente a altas temperaturas, utilizando a configuração EMD desenvolvida.

Tabela-5.13 Resultados experimentais e rácio S/N para a taxa de remoção de material (MRR, mg/min)

Exp. No.	Material removal rate, Y_1	Material removal rate, Y_2	Material removal rate, Y_3	Average material removal rate, Y	S/N **Ratio,** η (dB)
1	0.813	0.813	0.826	0.813	-1.795
2	1.123	1.117	1.139	1.126	1.0324
3	1.38	1.42	1.46	1.42	-3.4655
4	1.66	1.71	1.78	1.71	4.6830
5	0.957	0.922	0.994	0.981	-0.386
6	1.246	1.229	1.209	1.228	1.784
7	1.77	1.83	1.86	1.82	5.1958
8	2.10	2.17	2.23	2.16	6.7079
9	1.319	1.297	1.331	1.315	2.388
10	1.87	1.91	1.95	1.91	5.6168
11	1.6	1.6	1.6	1.6	4.082
12	1.93	1.96	2.3	2.06	6.2111
13	1.17	1.21	1.25	1.21	1.6462
14	1.66	1.72	1.79	1.72	4.7150

15	2.2	2.2	2.2	2.2	6.8484
16	2.38	2.42	2.45	2.41	7.6624

A Figura 5.11 mostra o gráfico de resposta S/N para a taxa de remoção de material, concluindo-se que as combinações paramétricas óptimas para a MRR máxima são A4B4C4D4.

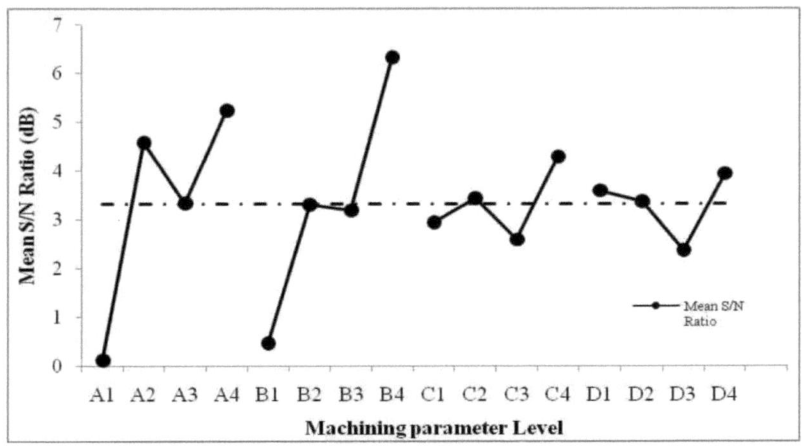

A figura 5.8 mostra a relação S/N por nível de fator para MRR, mg/min

5.4 Relação S/N e otimização paramétrica para o corte radial de profundidade média

A Tabela 5.14 mostra a relação S/N (r|,dB) para a profundidade média de sobrecorte radial durante a maquinação de microfuros em MMC de alumínio/alumina (Al/Al2O3) eletricamente não condutor e resistente a altas temperaturas, utilizando a configuração EMD desenvolvida.

Tabela-5.14 Resultados experimentais e rácio S/N para o corte excessivo radial de profundidade média (MHD, mm)

Exp. No.	Average depth radial overcut,R_1	Average depth radial overcut,R_2	Average depth radial overcut,R_3	Averageav erage depth radial overcut, R_a	S/N Ratio, η (dB)
1	0.877	0.870	0.891	0.879	-1.1158
2	1.034	1.039	1.047	1.04	0.3403 2
3	1.197	1.242	1.213	1.21	1.7051
4	1.385	1.406	1.428	1.40	2.9597

5	1.063	1.086	1.108	1.08	0.7101
6	1.421	1.443	1.436	1.43	3.1264
7	0.89	0.93	0.95	0.92	-0.7024
8	1.173	1.206	1.243	1.20	1.6292
9	1.469	1.528	1.505	1.50	3.5222
10	1.365	1.388	1.403	1.38	2.8294
11	1.193	1.209	1.233	1.21	1.6652
12	1.092	1.126	1.157	1.12	1.0152
13	1.384	1.431	1.419	1.41	2.9899
14	1.207	1.233	1.254	1.23	1.8043
15	1.752	1.764	1.780	1.76	4.9359
16	1.493	1.534	1.512	1.51	3.5951

A Figura 5.8 mostra o gráfico de resposta S/N para o corte radial em profundidade média, concluindo-se que as combinações paramétricas óptimas para o corte radial em profundidade média máxima são A4B4C3D4.

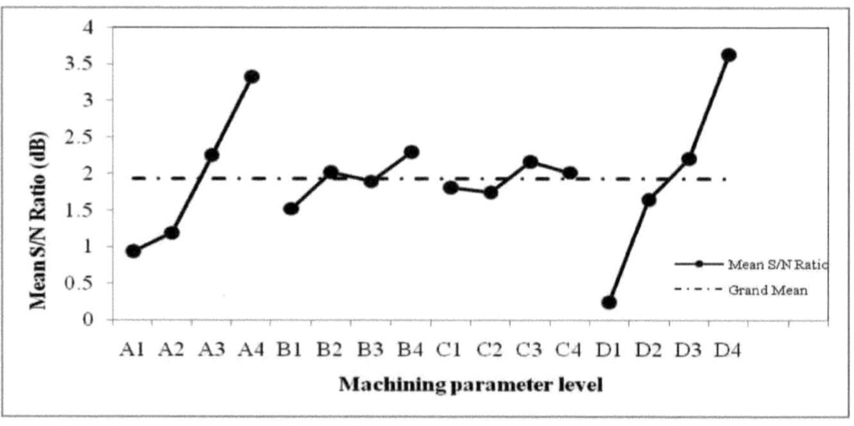

A Figura 5.9 mostra a relação S/N por nível de fator para o corte radial de profundidade média, mm

5.5 ANOVA para a taxa de remoção de material (MRR)

A Tabela 5.15 mostra os valores da ANOVA e do "Teste F" com a percentagem de contribuição, ou seja, a eficácia de cada parâmetro de maquinagem na taxa de remoção de material. Esta tabela ANOVA é preparada utilizando os resultados obtidos experimentalmente durante a microperfuração de um MMC de alumínio/alumina (Al/Al2O3) eletricamente não condutor e resistente a altas temperaturas, utilizando a configuração EMD desenvolvida. A partir da tabela ANOVA 5.15, observa-se que a concentração de eletrólito tem um efeito mais significativo na taxa de remoção de material com uma contribuição de 42,86%. A tensão de alimentação CC é de 38,50%, mas o caudal de eletrólito e o comprimento da ponta da ferramenta nua não são tão significativos, mas, de acordo com o projeto Taguchi, não podem ser ignorados. Assim, este parâmetro (i.e. caudal de eletrólito e comprimento da ponta da ferramenta nua) é considerado para desenvolver o modelo matemático para a taxa de remoção de material.

Tabela 5.15 ANOVA para MRR utilizando a configuração micro EMD desenvolvida

S/No	Control Factor	Sum of Squares	Degree of Freedom	Variance	F_0	% age of Contribution
1	A: DC Supply voltage	62.1952	3	20.7371	1.1449	38.50
2	B: Electrolyte Concentration	69.2321	3	23.0773	1.2745	42.86
3	C:Electrolyte flow rate	6.5290	3	2.1763	0.1201	4.042
4	D:Bare tool tip length	5.4655	3	1.8216	0.1006	3.38
5	Error	18.1065	35	0.5173		11.20
6	Total	161.5283	47	3.4367		100

5.6 ANOVA para a profundidade média do corte radial (ADRO)

A Tabela 5.16 mostra os valores da ANOVA e do teste "F" com a percentagem de contribuição, ou seja, a eficácia do parâmetro de maquinagem individual na taxa de remoção de material. Esta tabela ANOVA é preparada utilizando os resultados obtidos experimentalmente durante a microperfuração de um MMC de alumínio/alumina (Al/Al2O3) condutor de eletricidade e resistente a altas temperaturas, utilizando a configuração EMD desenvolvida. A partir da tabela ANOVA 5.16, observa-se que o comprimento da ponta da ferramenta nua e a tensão de alimentação DC têm um efeito mais significativo e significativo, respetivamente, na profundidade média do corte radial. O comprimento da ponta da ferramenta nua tem uma contribuição de 58,77 % e a tensão de alimentação DC tem uma contribuição de 35,30 % na profundidade média do corte radial.

Tabela 5.16 ANOVA para a profundidade média do corte radial utilizando a configuração micro EMD desenvolvida

S/No	Control Factor	Sum of Squares	Degree of Freedom	Variance	F_0	%age of % of Contribution
1	A: DC Supply voltage	14.1382	3	4.7127	6.688	35.30

2	B: Electrolyte Concentration	1.2367	3	0.4122	0.5850	3.08
3	C:Electrolyte flow rate	0.43132	3	0.1437	0.2090	1.07
4	D:Bare tool tip length	23.5383	3	7.8461	11.135	58.77
5	Error	0.7046	35	0.02013		1.75
5	Total	40.0492	47	0.8521		100

5.7 - Gráfico SEM

A Figura 5.8 é a Micrografia Eletrónica de Varrimento (SEM) da secção de corte ortogonal do microfuro durante a microperfuração de MMC de alumínio/alumina (Al/Al_2O_3). O gráfico SEM mostra o estado real do microfuro maquinado com os seguintes parâmetros de corte: tensão de alimentação DC = 10 volts, caudal de eletrólito = 160 l/h, comprimento da ponta da ferramenta nua = 1,2 mm e concentração de eletrólito = 100 g/litro. O microfuro foi maquinado durante 5 minutos com uma ferramenta de 250 microns de diâmetro. A partir do gráfico SEM, observa-se que a microperfuração se processa de forma cónica. No início, o microfuro tinha uma forma exatamente redonda e um diâmetro aproximadamente igual ao diâmetro do elétrodo, depois foi reduzido ao longo da profundidade do furo. Também se notam irregularidades ao longo de toda a profundidade do furo.

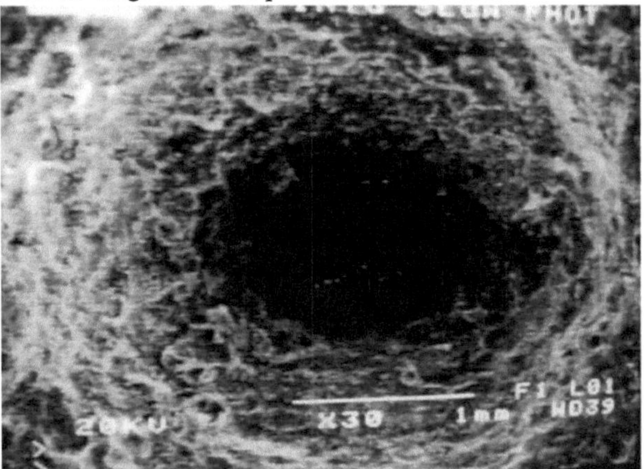

A Figura 5.8 mostra a Micrografia Eletrónica de Varrimento (SEM) da secção de corte ortogonal do microfuro durante a microperfuração do MMC de alumínio/alumina (Al/10 vol $\%Al_2O_3$)

A Figura 5.8 é a Micrografia Eletrónica de Varrimento (SEM) do orifício de passagem durante a microperfuração do MMC de alumínio/alumina (Al/10 vol $\%Al_2O_3$). Notam-se irregularidades na superfície do furo, o que pode revelar que a maquinação de microfuros muito finos é realmente um exercício típico em material compósito condutor de eletricidade. O furo de passagem (mostrado no gráfico SEM da Figura 5.10) é maquinado com o valor de configuração paramétrica: tensão de alimentação DC = 5 volts, concentração de eletrólito = 110 g/litro, caudal de eletrólito = 160 l/h e comprimento da ponta da ferramenta nua = 1,2 mm. O microfuro foi maquinado durante 60 minutos com uma ferramenta de 200 microns de diâmetro.

CAPÍTULO 6

DESENVOLVEU MODELOS MATEMÁTICOS

6.1 Introdução

Neste capítulo, considerando os parâmetros EMD significativos, são desenvolvidos diferentes modelos matemáticos para várias caraterísticas da configuração EMD durante a microperfuração de MMC Al/Al2O3. Os modelos matemáticos para a taxa de remoção de material e a profundidade média de sobrecorte radial são desenvolvidos e descritos no capítulo. Os resultados do teste de aditividade mostram que os valores determinados e previstos utilizando os modelos matemáticos desenvolvidos estão de acordo com os resultados experimentais.

6.2 Modelo matemático para a taxa de remoção de material (MRR), mg/min

$$Y_{MRR} = 0.412307 - 0.044592.\ X_1 - 0.001321.\ X_2 + 0.004174.X_3 + 0.000004.X_4 + 0.001179\ X_1X_2 + 0.000208.X_1X_3 + 0.007649\ X_1X_4 + 0.000034.X_2X_3 + 0.0023161.\ X_2X_4 + 0.000007\ X_3X_4 - 0.002322.X_1^2 - 0.000036\ X_2^2 - 0.000020.X_3^2 - 0.055785\ X_4^2$$

------------Eqn. 6.1

$R^2 = 0,9654$

Onde,

X1= Tensão de alimentação D.C (Volts), X2= Concentração do eletrólito (g/l)

X3= Caudal de eletrólito (l/h), X4= Comprimento da ponta da ferramenta nua (mm)

O efeito dos diferentes parâmetros da configuração da EMD, tais como o caudal de eletrólito (l/h), o comprimento da ponta da ferramenta nua (mm), a concentração de eletrólito (g/l) e a tensão de alimentação DC (Volts) na taxa de remoção de material (MRR, mg/min) e na profundidade média de sobrecorte radial (ADRO, mm) são analisados através de vários gráficos e descritos neste capítulo.

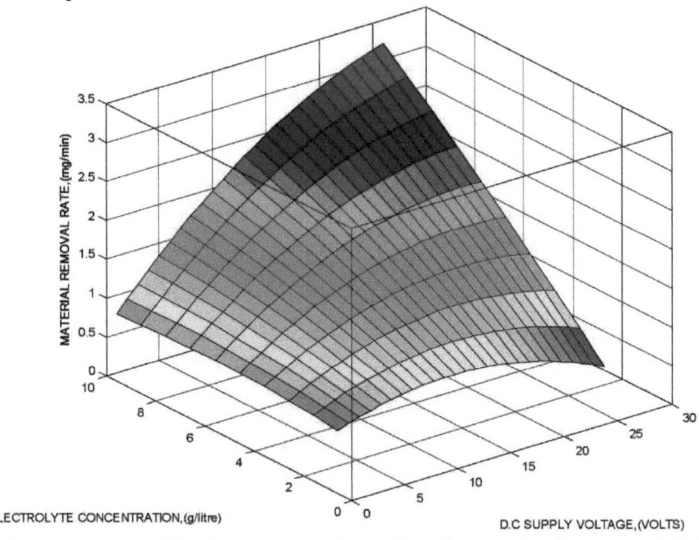

A Figura 6.1 mostra o efeito da concentração do eletrólito e da tensão de alimentação na MRR

A figura 6.1 mostra o efeito combinado da tensão de alimentação DC e da concentração de eletrólito na taxa de remoção de material.

A partir da figura 6.1, observa-se que a taxa de remoção de material aumenta inicialmente com o aumento da concentração de eletrólito. Também se observa que a taxa de remoção de material (MRR) aumenta com o aumento da tensão de alimentação DC.

A partir da figura 6.1, é evidente que a um valor de regulação mais elevado da tensão CC de alimentação, por exemplo, 20 volts, e a valores de regulação moderados da concentração de eletrólito, por exemplo, 100 g/l, a MRR é máxima.

Observa-se também que a MRR é máxima quando a concentração de eletrólito é máxima, por exemplo 120g/l, e a tensão CC de alimentação é máxima, por exemplo 20 volts. Considerando o valor codificado para a concentração do eletrólito, por exemplo, (50NaCl+10HCl) equivale a 1 e (120NaCl+20HCl) equivale a 10.

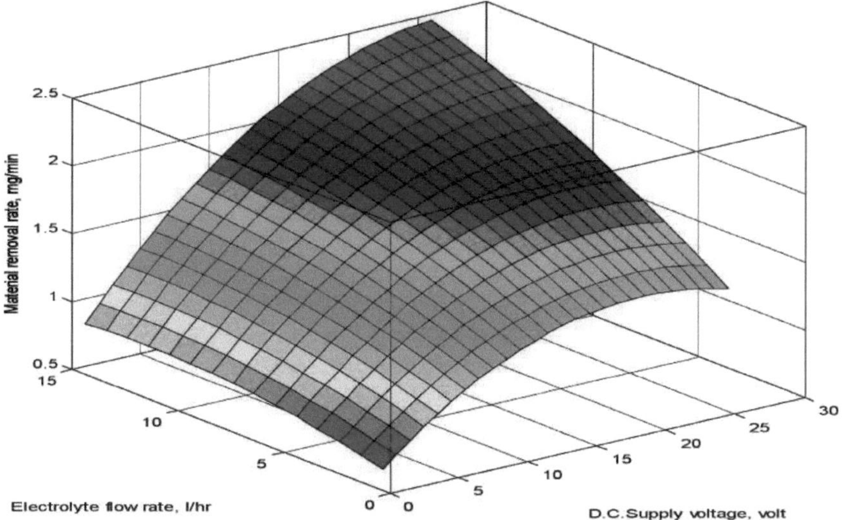

A figura 6.2 mostra o efeito do caudal de eletrólito (l/h) e da tensão de alimentação de corrente contínua (volts)

A figura 6.2 mostra o efeito do caudal de eletrólito (l/h) e da tensão de alimentação DC (volts) na taxa de remoção de material (MRR) mg/min.

A partir da figura 6.2, observa-se que a taxa de remoção de material (MRR) aumenta com o aumento da concentração de eletrólito. Observa-se também que a taxa de remoção de material (MRR) aumenta com o aumento da tensão de alimentação D.C.

A partir do gráfico, é evidente que a um valor mais elevado de concentração de eletrólito, por exemplo 120 g/l, e a valores moderados de tensão de alimentação DC, por exemplo 15 volts, a MRR é máxima.

Observa-se também que a MRR é máxima quando a concentração de eletrólito é máxima, por exemplo, 120 g/l, e a tensão de alimentação de corrente contínua é máxima, por exemplo, 20 volts.

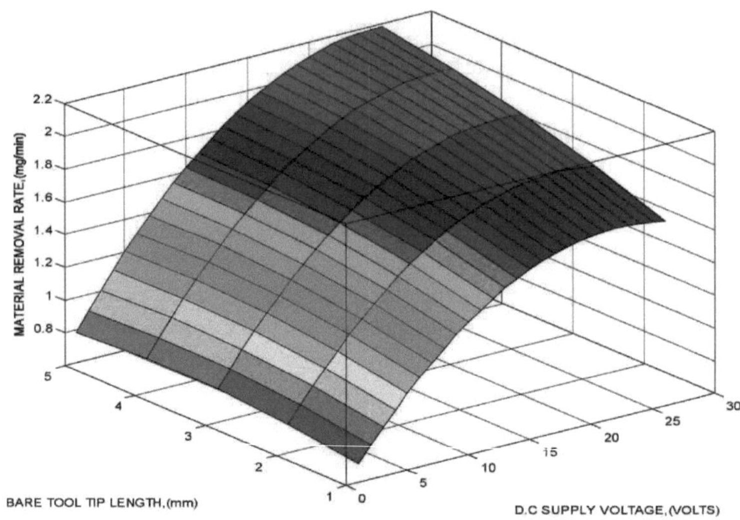

A Figura 6.3 mostra o efeito do comprimento da ponta da ferramenta nua (mm) e da tensão de alimentação D.C (volts) na MRR

A figura 6.3 mostra o efeito do comprimento da ponta da ferramenta nua (mm) e da tensão de alimentação DC (Volts) na taxa de remoção de material (MRR) mg/min. A figura 6.3 mostra que a taxa de remoção de material (MRR) aumenta com o aumento do comprimento da ponta da ferramenta nua. Também se observa que a taxa de remoção de material (MRR) aumenta com o aumento da tensão de alimentação D.C. A partir do gráfico, é evidente que, com um valor de regulação mais elevado da tensão CC de alimentação, por exemplo, 20 volts, e com valores de regulação mais elevados do comprimento da ponta da ferramenta nua, por exemplo, 2,7 mm, a MRR é máxima. Observa-se também que a MRR é mínima quando o comprimento da ponta da ferramenta nua é mínimo, por exemplo, 0,7 mm, e a tensão de alimentação CC é mínima, por exemplo, 5 volts.

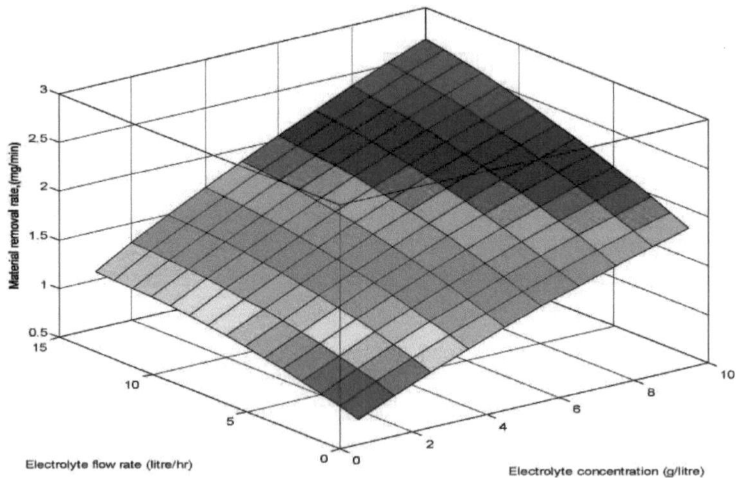

A Figura 6.4 mostra os efeitos do caudal de eletrólito (l/h) e da concentração de eletrólito (g/l) na MRR

A figura 6.4 mostra o efeito da concentração do eletrólito (g/l) e do caudal do eletrólito (l/h) na taxa de remoção de material (MRR) mg/min. A partir da figura 6.4, observa-se que a taxa de remoção de material (MRR) aumenta com o aumento do caudal de eletrólito. Observa-se também que a taxa de remoção de material (MRR) aumenta com o aumento da concentração do eletrólito. A partir do gráfico, é evidente que a um valor mais elevado da concentração de eletrólito, por exemplo 120 g/l, e a valores moderados do caudal de eletrólito, por exemplo 120 g/l, a MRR é máxima. Observa-se também que a MRR é mínima quando o caudal de eletrólito e a concentração de eletrólito são mínimos, por exemplo, 80 l/h e a concentração do elétrodo é mínima, por exemplo, 50 g/l.

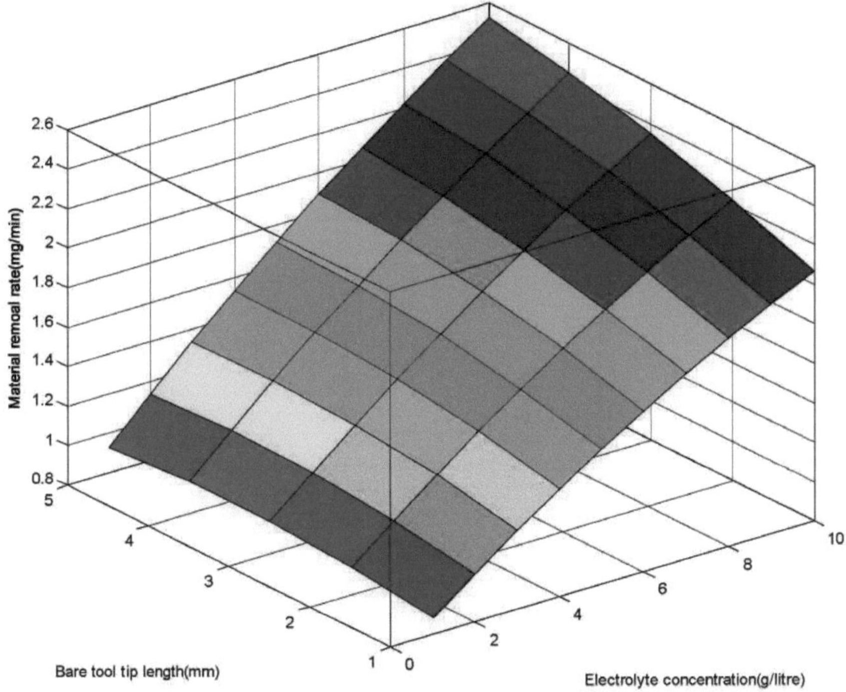

A Figura 6.5 mostra o efeito do comprimento da ponta da ferramenta nua (mm) e da concentração de eletrólito (g/l) na MRR

A figura 6.5 mostra o efeito da concentração de eletrólito (g/l) e do comprimento da ponta da ferramenta nua (mm) na taxa de remoção de material (MRR) mg/min. A partir da figura 6.5, observa-se que a taxa de remoção de material (MRR) aumenta com o aumento do comprimento da ponta da ferramenta nua e depois diminui com uma ligeira diminuição do comprimento da ponta da ferramenta nua. Observa-se também que a taxa de remoção de material (MRR) aumenta com o aumento da concentração de eletrólito. A partir do gráfico, é evidente que a um valor de configuração mais elevado da concentração de eletrólito, por exemplo 120 g/l, e a valores de configuração moderados do comprimento da ponta da ferramenta nua, por exemplo 1,7 mm, a MRR é máxima. Observa-se também que a MRR é mínima quando o comprimento da ponta da ferramenta nua é mínimo, por exemplo, 0,7 mm, e a concentração do elétrodo é mínima, por exemplo, 50 g/l.

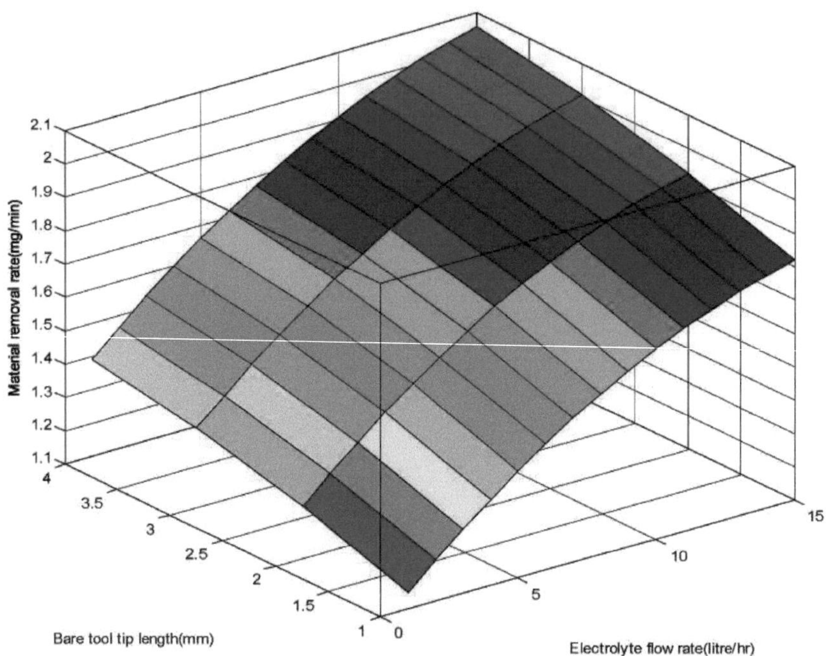

A Figura 6.6 mostra o efeito do comprimento da ponta da ferramenta nua (mm) e do caudal de eletrólito (l/h) na MRR

A figura 6.6 mostra o efeito do caudal de eletrólito (l/h) e do comprimento da ponta da ferramenta nua (mm) na taxa de remoção de material (MRR) mg/min. A partir da figura 6.6, observa-se que a taxa de remoção de material (MRR) aumenta com o aumento do comprimento da ponta da ferramenta nua. Também se observa que a taxa de remoção de material (MRR) aumenta com o aumento do caudal de eletrólito. A partir do gráfico, é evidente que a um valor de regulação mais elevado do caudal de eletrólito, por exemplo 240 l/h, e a valores de regulação moderados do comprimento da ponta da ferramenta nua, por exemplo 1,7 mm, a MRR é máxima. Observa-se também que a MRR é mínima quando o comprimento da ponta da ferramenta nua é mínimo, por exemplo, 0,7 mm, e a concentração do elétrodo é mínima, por exemplo, 50 g/l.

6. 3Modelo matemático para o corte radial de profundidade média, mm

$Y_{ADRC} = 0.777391 - 0.042082.\ X_1 + 0.010353.\ X_2 - 0.003842.X_3 + 0.0000020.X_4 - 0.000247.X_1X_2 - 0.000286.X_1X_3 + 0.0072275X_1.X_4 - 0.0000083.X_2X_3 - 0.00006464\ X_2.X_4 - 0.0004515X_3.X_4 + 0.00143951.X_1^2 - 0.0000153\ X_2^2 + 0.000000213.X_3^2 + 0.06644544\ X_4^2$ - - --- ------- Eqn.6.2

$R^2 = 0{,}9621$

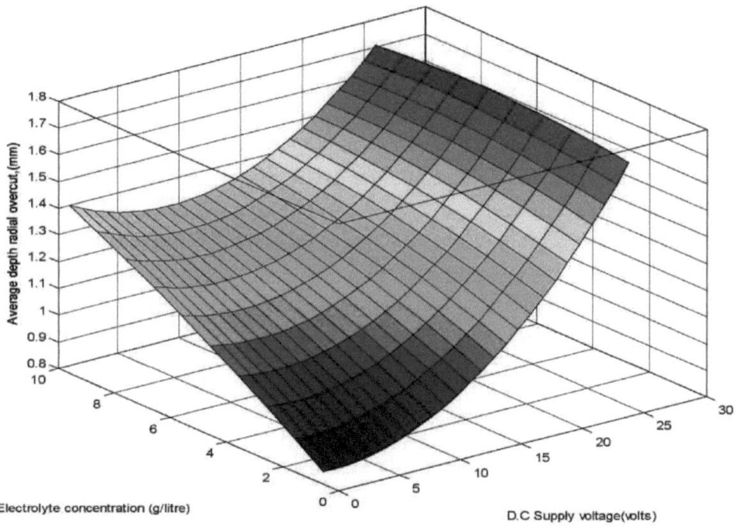

A figura 6.7 mostra o efeito da concentração do elétrodo e da tensão de alimentação de corrente contínua (volts) na ADRC

A figura 6.7 mostra o efeito da concentração de eletrólito (g/l) e da tensão de alimentação D.C (Volts) na profundidade média do corte radial (mm). A partir da figura 6.4, verifica-se que a taxa de remoção de material (MRR) aumenta com o aumento da concentração de eletrólito. Observa-se também que a taxa de remoção de material (MRR) aumenta com o aumento da tensão de alimentação D.C. A partir do gráfico, é evidente que, com um valor de regulação mais elevado da tensão CC de alimentação, por exemplo, 20 volts, e com valores de regulação mais elevados da concentração de eletrólito, por exemplo, 120 g/l, a profundidade média do sobrecorte radial é máxima. Observa-se também que o corte radial em profundidade média é mínimo quando a concentração de eletrólito é mínima, por exemplo, 50 g/l, e a tensão de alimentação DC é mínima, por exemplo, 5 volts.

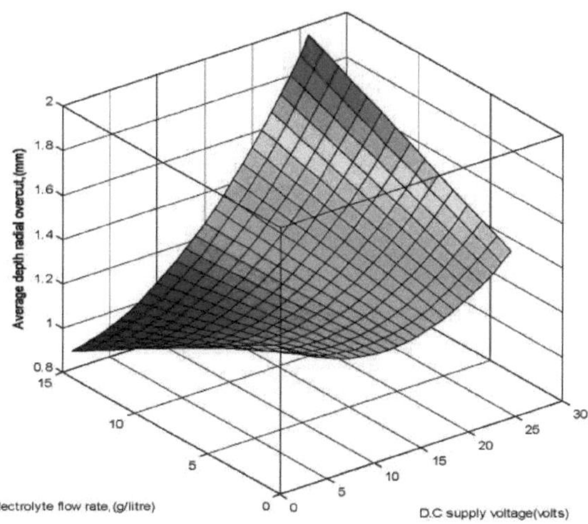

A figura 6.8 mostra o efeito do caudal de eletrólito (l/h) e da tensão de alimentação de corrente contínua (volts) na ADRC

A Figura 6.8 mostra o efeito do caudal de eletrólito (l/h) e da tensão de alimentação D.C (Volts) no corte radial de profundidade média (mm).

A partir da figura 6.8, observa-se que a profundidade média do corte radial aumenta com o aumento do caudal de eletrólito. Também se observa que a profundidade média do corte radial aumenta com o aumento da tensão de alimentação D.C.

O gráfico mostra claramente que, com um valor de regulação mais elevado da tensão CC de alimentação, por exemplo, 20 volts, e com valores de regulação moderados do caudal de eletrólito, por exemplo, 120 g/l, o corte radial em profundidade média é máximo. Observa-se também que o corte radial em profundidade média é mínimo quando o caudal de eletrólito é mínimo, por exemplo, 80 g/l, e a tensão de alimentação é mínima, por exemplo, 5 volts.

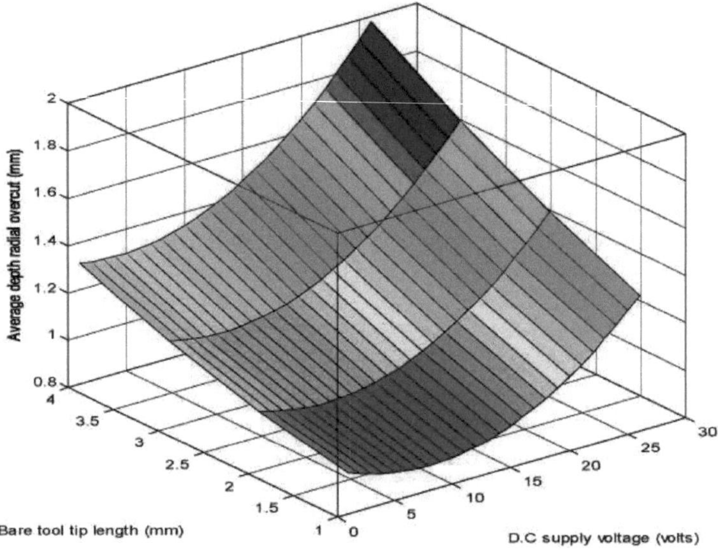

A Figura 6.9 mostra o efeito do comprimento da ponta da ferramenta nua e da tensão de alimentação D.C (volts) na ADRC

A Figura 6.9 mostra o efeito do comprimento da ponta da ferramenta nua (mm) e da tensão de alimentação D.C (volts) na profundidade média de sobrecorte radial (ADRC, mm). A partir da figura 6.9, observa-se que a profundidade média do corte radial aumenta com o aumento da tensão de alimentação D.C. Também se observa que a profundidade média do corte radial aumenta com o aumento do comprimento da ponta da ferramenta nua.

A partir do gráfico, é evidente que a um valor de regulação mais elevado do comprimento da ponta da ferramenta nua, por exemplo, 2,7 mm, e a valores de regulação moderados da tensão de alimentação de corrente contínua, por exemplo, 15 volts, o corte excessivo radial em profundidade média é máximo.

Observa-se também que o sobrecorte radial de profundidade média é mínimo quando o comprimento da ponta da ferramenta nua é mínimo, por exemplo, 0,7 mm e a tensão de alimentação D.C é mínima, por exemplo, 5 volts.

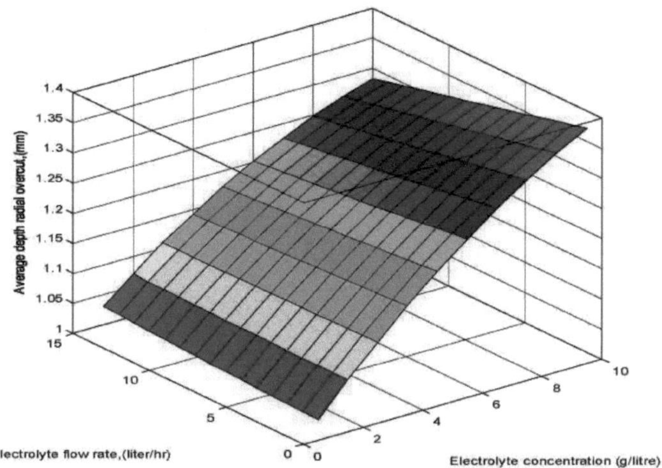

A Figura 6.10 mostra o efeito do caudal de eletrólito (l/h) e da concentração de eletrólito na ADRC

A figura 6.10 mostra o efeito da concentração de eletrólito (g/l) e do caudal de eletrólito (l/h) no corte radial de profundidade média (ADRC, mm). A partir da figura 6.10, observa-se que a profundidade média do corte radial aumenta primeiro com o aumento do caudal de eletrólito. Observa-se também que a profundidade média do corte radial aumenta com o aumento da concentração do eletrólito. O gráfico mostra claramente que, com um valor de regulação mais elevado da concentração de eletrólito, por exemplo 110 g/l, e com valores de regulação moderados do caudal de eletrólito, por exemplo 160 l/h, o corte radial em profundidade média é máximo. Observa-se também que o corte radial em profundidade média é mínimo quando o caudal de eletrólito é mínimo, por exemplo, 80 l/h, e a concentração de eletrólito é mínima, por exemplo, 50 g/l.

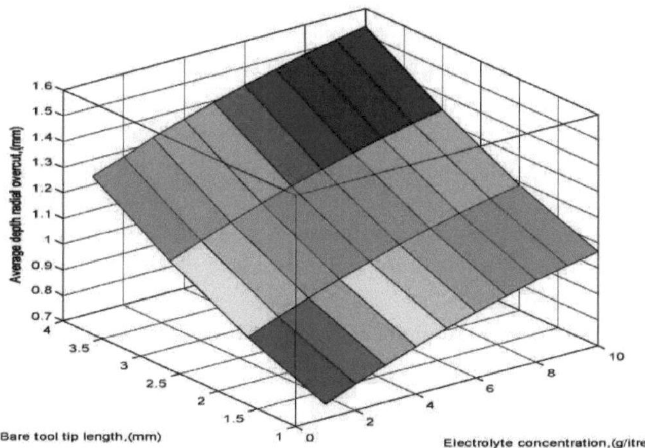

A Figura 6.11 mostra o efeito do comprimento da ponta da ferramenta nua (mm) e da concentração do eletrólito na ADRC

A figura 6.11 mostra o efeito da concentração de eletrólito (g/l) e do comprimento da ponta da ferramenta nua (mm) na profundidade média do corte radial (ADRC,mm). A partir da figura 6.11, observa-se que a profundidade média do corte radial aumenta primeiro com o aumento do comprimento da ponta da ferramenta nua. Também se observa que a profundidade média do corte radial aumenta com o aumento da concentração de eletrólito. A partir do gráfico, é evidente que, com um valor de regulação mais elevado da concentração de eletrólito, por exemplo, 120 g/l, e com valores de regulação moderados do comprimento da ponta da ferramenta nua, por exemplo, 2,7 mm, a profundidade média do corte radial é máxima. Observa-se também que a profundidade média do corte radial é mínima quando o comprimento da ponta da ferramenta nua é de 0,7 mm e a concentração do elétrodo é mínima, por exemplo, 50 g/l.

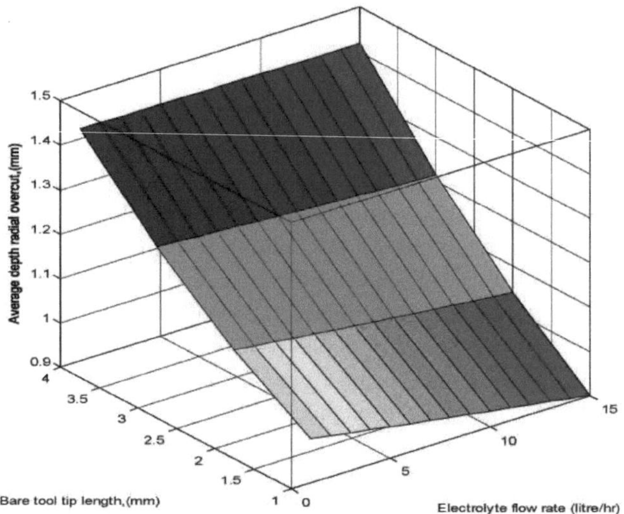

A Figura 6.12 mostra o efeito do comprimento da ponta da ferramenta nua (mm) e do caudal de eletrólito (l/h) na ADRC

A Figura 6.12 mostra o efeito do caudal de eletrólito (l/h) e do comprimento da ponta da ferramenta nua na profundidade média do corte radial (ADRC, mm). A partir da figura 6.12, observa-se que a profundidade média do corte radial aumenta primeiro com o aumento do comprimento da ponta da ferramenta nua. Também se observa que a profundidade média do corte radial aumenta com o aumento do caudal de eletrólito. A partir do gráfico, é evidente que a um valor de regulação mais elevado do caudal de eletrólito, por exemplo, 240 l/h e a valores de regulação moderados do comprimento da ponta da ferramenta nua, por exemplo, 1,7 mm, o corte excessivo radial em profundidade média é máximo. Observa-se também que o sobrecorte radial em profundidade média é mínimo quando o comprimento da ponta da ferramenta nua é mínimo, por exemplo, 0,7 mm, e o caudal do elétrodo é mínimo, por exemplo, 80 l/h.

6. 4Teste de aditividade

A Tabela 6.1 mostra as condições paramétricas utilizadas para realizar o teste de aditividade para validar os modelos matemáticos desenvolvidos para a taxa de remoção de material durante a maquinação de microfuros em material Al/Al2O3 MMC condutor de eletricidade e de elevada resistência ao desgaste, utilizando a configuração EMD desenvolvida.

A Tabela 6.1 mostra a condição paramétrica utilizada para o teste de confirmação

Experiment Number	Developed Mini EMD parameters			
	X1 : DC supply voltage *(Volt)*	X2 : Electrolyte concentration *(g/L)*	X3:Electrolyte flow rate *(l/hr)*	X4:Bare tool tip length *(mm)*
1	7	40	70	0.5
2	12	60	100	1.0
3	23	140	130	1.5

6.4.1 Ensaio com aditivos para a taxa de remoção de material

A Tabela-6.2 mostra a comparação entre os valores obtidos experimentalmente e os valores calculados utilizando a equação matemática desenvolvida (6.1) para a taxa de remoção de material (MRR) durante a maquinação de microfuros no material Al/Al2O3 MMC condutor de eletricidade e de elevada resistência ao desgaste, utilizando a configuração EMD desenvolvida.

Tabela 6.2: Tabela do ensaio de aditivos para a taxa de remoção de material

Experiment Number	MRR, mg/min		% of Error
	Experimental	Developed Equation 6.1	
1	0.791	0.735	7.07
2	1.137	1.094	3.78
3	2.648	2.587	2.30

A Figura 6.7 mostra a representação gráfica da equação do modelo matemático desenvolvido (6.1) e os resultados experimentais reais obtidos a partir de diferentes conjuntos de investigação experimental (Tabela 6.2). A partir da figura, conclui-se que a equação desenvolvida para a taxa de remoção de material (MRR) está de acordo com as linhas de ensaio experimentais.

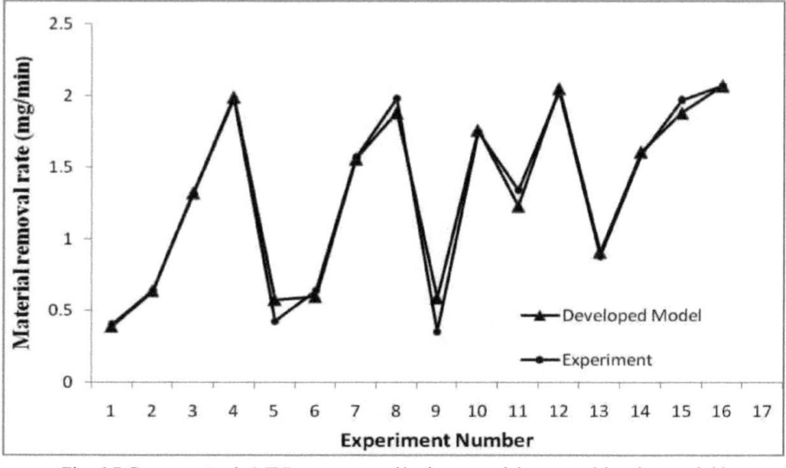

Fig. 6.7 Comparação da MRR com a experiência e o modelo matemático desenvolvido

6.4.2 Ensaio aditivo para sobrecorte radial de profundidade média

A Tabela 6.3 mostra a comparação entre os valores obtidos experimentalmente e os valores calculados utilizando a equação matemática desenvolvida (6.2) para a profundidade média de corte radial (ADRC) durante a maquinação de microfuros no material Al/Al2O3 MMC condutor de eletricidade e de elevada resistência ao desgaste, utilizando a configuração EMD desenvolvida.

Tabela 6.3-Tabela de ensaio de aditivos para o corte radial de profundidade média

Experiment Number	Average depth radial overcut (ADRC), mm		% of Error
	Experimental	Developed Equation 6.1	
1	0.843	0.816	3.20
2	1.261	1.231	2.37
3	1.783	1.685	5.49

A Figura 6.8 mostra a representação gráfica da equação do modelo matemático desenvolvido (6.2) e os resultados experimentais reais obtidos a partir de diferentes conjuntos de investigação experimental (Tabela 6.3). A partir da figura, conclui-se que a equação desenvolvida para a profundidade do microfuro (ADRC) está em boa sintonia com as linhas de ensaio experimentais.

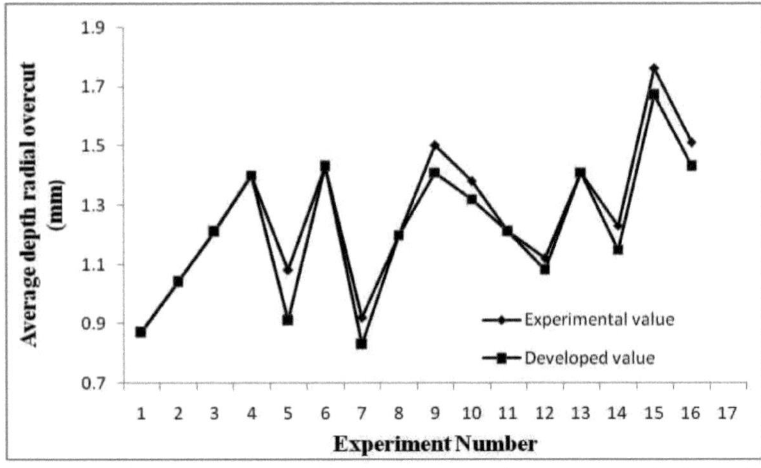

A Figura 6.8 mostra a comparação do ADRC por experiência e pelo modelo matemático desenvolvido

CAPÍTULO 7

CONCLUSÕES GERAIS

Com base nos resultados experimentais obtidos durante a maquinação de microfuros em MMC de alumínio/alumina (Al/Al2O3) condutor de eletricidade e altamente resistente ao desgaste, utilizando a configuração de microfuração eletroquímica (EMD) desenvolvida e, posteriormente, a discussão dos resultados investigados, são tiradas as seguintes conclusões

(i) A concentração de eletrólito e a tensão de alimentação DC são os parâmetros mais importantes e significativos na taxa de remoção de material com 42,86% e 38,50% de contribuição, respetivamente. Mas o caudal de eletrólito e o comprimento da ponta da ferramenta nua são menos significativos em comparação com os dois parâmetros acima mencionados, com um valor de teste F de 4,20 e 3,52, respetivamente.

(ii) O comprimento da ponta da ferramenta Bare e a tensão de alimentação DC têm o efeito mais significativo e significativo com 58,77% e 35,30% de contribuição, respetivamente, na profundidade média do sobrecorte radial.

(iii) Para obter a taxa máxima de remoção de material, a combinação paramétrica óptima é A4B4C4D4, ou seja, a taxa de remoção de material é máxima na combinação paramétrica de tensão de alimentação DC = 20 volts, concentração electrolítica = 125g/l, caudal de eletrólito = 160l/h e comprimento da ponta da ferramenta nua = 2,2mm.

(iv) Para a profundidade média do sobrecorte radial, conclui-se que as combinações paramétricas óptimas para a profundidade média mínima do sobrecorte radial são A4B4C3D4, ou seja, a profundidade média do sobrecorte radial é mínima com a combinação paramétrica de tensão de alimentação DC = 20 volts, concentração electrolítica = 125g/l, caudal de eletrólito = 160l/h e comprimento da ponta da ferramenta nua = 2,2mm.

(v) A partir do gráfico SEM, conclui-se que, na fase inicial de perfuração, a forma do microfuro era contrária à do furo cónico. Mesmo após 5 minutos de maquinagem contínua, a forma do microfuro continua a ser circular. Esta observação foi registada durante a perfuração do microfuro com uma tensão de alimentação de 5 volts DC, uma concentração electrolítica de 50g/l, um caudal de eletrólito de 80l/hr e um comprimento de ponta da ferramenta nua de 0,7mm. Durante a maquinação, também se observou um corte excessivo à volta do furo maquinado, mas isto pode ser minimizado controlando a distância entre a ponta da ferramenta nua e a superfície da peça de trabalho.

(vi) A estrutura da peça de trabalho é observada quando esta é mergulhada no eletrólito (NaCl+ HCl), a superfície do material é alterada porque o HCl é um ácido muito forte que corrói continuamente o material quando este é mergulhado no eletrólito, ou seja
(NaCl+HCl). O estado do orifício microperfurado foi observado com o valor de ajuste paramétrico da tensão de alimentação DC = 10 volts, concentração electrolítica = 75g/litro, caudal de eletrólito = 80l/hr e comprimento da ponta da ferramenta nua = 0,7mm.

(vii) Os modelos matemáticos para a taxa de remoção de material e a profundidade média de sobrecorte radial são propostos com sucesso para a evolução do valor paramétrico com antecedência para uma maquinação eficaz de MMC de alumínio/alumina (Al/Al2O3) condutor de eletricidade.

(viii) Durante a experiência, observou-se também que o sobrecorte e a ovalidade dimensional eram elevados quando o caudal de eletrólito aumentava para além de um caudal moderado, o que pode ser devido à deflexão da microferramenta e ao aumento da área de faíscas durante a microperfuração

(ix) Erosão algumas partículas saem da superfície da peça de trabalho durante a maquinação e algumas delas aderem novamente às outras partículas e retêm na superfície de maquinação, o que é observado como rebarbas esta é uma das causas do mau acabamento da superfície.

(x) Durante a experiência, observou-se também que todas as partículas erodidas não são devidamente escoadas, o que pode dever-se à causa do baixo caudal de eletrólito ou à pressão do fluxo de eletrólito.

(xi) A partir do gráfico SEM do furo passante, conclui-se que as irregularidades em torno da superfície do furo são notadas, o que pode revelar que a maquinação de microfuros muito finos é realmente um exercício típico em material compósito condutor de eletricidade.

(xii) Durante a experiência, observou-se uma superfície maquinada áspera e irretativa, o que pode ser devido à reação que ocorre entre o Al/Al2O3-MMC e o HCl durante a microperfuração através da configuração EMD desenvolvida.

7.1 Âmbito futuro

Para trabalhos de investigação adicionais sobre a maquinação de microfuros em MMC de alumínio/alumina (Al/Al2O3) condutor de eletricidade e altamente resistente ao desgaste, utilizando a configuração de microperfuração eletroquímica (EMD) desenvolvida, as áreas de investigação abaixo mencionadas podem ser exploradas no futuro.

1. Identificar e medir o desvio do furo durante a perfuração de microfuros em MMC de alumínio/alumina (Al/Al2O3) eletricamente condutor e de elevada resistência ao desgaste, utilizando a configuração de microperfuração eletroquímica (EMD) desenvolvida.
2. Identificar e medir a rugosidade da superfície do orifício durante a perfuração de microfuros em MMC de alumínio/alumina (Al/Al2O3) condutor de eletricidade e altamente resistente ao desgaste, utilizando a configuração de microperfuração eletroquímica (EMD) desenvolvida.
3. Investigar e eliminar as irregularidades à volta da superfície do furo durante a perfuração de microfuros em MMC de alumínio/alumina (Al/Al2O3) eletricamente condutor e altamente resistente ao desgaste, utilizando a configuração de microperfuração eletroquímica (EMD) desenvolvida.

BIBLIOGRAFIA

1. Rajurkar, K.P.; Zhu, D.; McGeough, J.A.; Kozak, J.; e DeSilva, A. (1999). "New developments in electro-chemical m achining". *Annals of the CIRP* (v48, n2) pp567-579.
2. McGeough, J. (2005). "Teoria da maquinagem eletroquímica" http://www.electrpchem.cwru.edu/ed/encycl/.
3. Rajurkar, K.P.; Levy, G.; Malshe, A.; Sundaram, M.M.; McGeough, J.; Hu, X . Resnick, R.; e DeSilva, A. (2006). "Micro e nano maquinação por processos electrofísicos e

químicos". *Annals of the CIRP* (v55, n2), pp643-666.

4. Barber-Nichols Inc. (2008). "Imagem de uma turbina maquinada por ECM" http://www.barber-nichols.com/.
5. Groover, M.P. (2000). *Fundamentals of Modern Manufacturing.* New York: John Wiley & Sons.
6. Pradeep Rohatgi, lUNIDO's State-of-the-art series: (1990), "Advances in Materials Technology: MONITOR", compilado pela Divisão de Desenvolvimento de Tecnologia Industrial do Departamento de Promoção Industrial, Viena, Áustria, No.17, Fev.
7. N.J. Parrat, (1964), "Reinforcement effects of Silicon Nitride in Silver and Resin Matrices", Powder Metallurgy, Vol. 7(14), pp 152-167.
8. R. R. Irving, (1986), "Composites Go After Commercial Markets", Iron Age, 5 de setembro, pp 35 38.
9. A. Mortensen et. al., (1988), "Solidification processing of Metal Matrix Composites", JOM, Vol. 40(2), p 12-19.
10. D.L. McDanels e C.A. Hoffman, (1984), "Microstructure and orientation effects on properties of discontinuous Silicon Carbide/Aluminium Composites" NASA Tech. Pap. 2303, Cleveland, OH, , pp 1-29.
11. J.L. Cook e Walter R. Mohan, (1987), "Whisker-reinforced MMCs' Metal, Carbon/Graphite and Ceramic Matrix Composites", pp 896-902.
12. Milton W. Toaz, "Discontinuous Ceramic Fibre MMCs" International Encyclopaedia of Composites, Vol. 3. ed. Stuart M. Lee, VCH Publishers, NY, p. 903-910.
13. D. L. McDanels e A. R. Signorelli, (1983), "Evaluation of low cost Aluminium Composites for Aircraft engine Structural Applications", NASA Tech. Memo. No. 83357, Washington, DC.
14. William J. Baxter, (1992), "The strength of MMCs Reinforced with Randomly oriented Discontinuous Fibers", Mett. Tran. Vol. 23A, Nov., pp 3045-3053.
15. David M. Schuste et. al., (1989) "Production and Semi-Fabrication of an Aluminium Composite Material", Light Metal Age, Fev., pp 15-19.
16. Von F. Lowshenko e F. Kunter, (1997), "Eigenschaften Von Dispersion geharteten Al-A14C3 Werkstoffen", PlanseeberichtefurPulvemattallurgie, Bd. Vol.25, pp. 205-213.
17. Djanarthany Sarala et. al., (2001), "Mater SciEng", 300(12):2118.
18. N. Eustathopoulos et. al., (1991), "Wetting and Interfacial Chemistry in Liquid Metal Ceramic Systems", Mat. Sci and Engg. Vol.l35A, pp 83-88.
19. R.J.Arsenault, (1984), "The Strengthening of Al Alloy 6061 by Fiber and Platelet Silicon Carbide", Mat. Sci. Engg., Vol. 64, ppl71-181.
20. I.Adeqoyin et. al., (1991), "Particulate Reinforced MMCs-A Review", J. Mat Sci.,Vol.26, pp1137-1156.
21. Von F. Lowshenko et. al., (1997), "Eigenschaften Von Dispersion geharteten Al-Al4C3Werkstoffen", Planseeberichtefur Pulvemattallurgie, Bd. Vol.25, pp. 205-213.
22. R. Tiwari et. al., (1990), "Mechanical behaviour of thermal sprayed MetalMatrix Composites", High Performance Composites for the S.K.Das, C.P. Ballard and F.Marikar, TMS-New Jersey, 1990, p 195.

23. A.H. Nakagawa e M.N.Gungor, (1990), "Microstructure and Tensile properties of A12O3 Particle Reinforced 6061 Al Cast Composites", The Minerals, Metals & Materials Society, pp 127-143.
24. A. K. Kuruvilla et. al., (1989), "Effect of different reinforcements on Composite-strengthening in aluminium", Bull. Mater. Sci., Vol. 12(5), pp 495-505.
25. R.L. Mehan, (1968), "Fabrication and Evaluation of Sapphire Reinforced Al Composites", Metal Matrix Composites, ASTM-STP, Vol. 438, pp 29-58.
26. J. Zhang et. al., (1992), "Damping Characteristics of Graphite Particulate Reinforced Aluminium Composites", PA: Publicação TMS, pp 203-217.
27. Thomas D. Nixon e James D. Cawley, (1992) "Oxidation Inhibition Mechanisms in coated Carbon-Carbon Composites", J. Am. Ceram. Soc., Vol. 75(3), pp 703-708
28. M.V Ravichandran e R.Krishna , (1992), "Journal Material Science Letts", Vol-11, p.452.
29. P.K.Balasubramanian et.al., (1989), "Journal Material Science Letts", Vol-8, p.799.
30. J.Singh e S.K.Goel, (1991) Journal of Material Science, Vol-26.
31. Deonath e P.K.Rohatgi, (1980) 'Fluidity of Mica Particle Dispersed Aluminum Alloy: J. Mat. Sci., Vol. 15, .pp 2777-2784.
32. Deonath, R.T.Bhat e P.K.Rohatgi, (1980) "Preparation of Cast ALLOYMica Particle Composites": J. Mater. Sci., Vol. 15, pp.1241-1251.
33. M.K.Surappa e P.K.Rohatgi, (1981) "Preparação e propriedades de compósitos de partículas cerâmicas de alumínio fundido, 'J.Mat. Sci., Vol. 16, pp.983-993.
34. A.Banerji, M.K.Surappa e P.K.Rohargi, (1983) "Cast Aluminum Alloys Containing Dispersions of Zircon Particle", 'Metall. Trans. Vol. 14B, PP.273-283.
35. M.Taya e RJ.Arsenault, (1989), "Metal Matrix Composites-Thermo mechanical behaviour" Nova Iorque, Pergmon Press, p -238-243.
36. K.K.Chawla, (1987), Composite materials-Science and Engineering, Nova Iorque Springer Verlag, pp. 67-72.
37. Dayanand S.Bilgi, V.K Jain, V.K Jain, R.Shekhar, Shaifali Mehrotra "Electrochemical deep hole drilling in super alloy for turbine application", Journal of Material Processing Technology (149) (2004) 445-452.
38. Se Hyun Ahn, Shi Hyoung Ryu, Deok Ki Choi e Chong Nam Chu "Electro-chemical micro drilling using ultra short pulses" Precision Engineering, Vol 28, Issue-2, April 2004, Page 129-134.
39. Jerzy Kozak , Kamlakar P. Rajurkar , Yogesh Makkar " Selected problems of micro-electrochemical machining" Journal of Materials Processing Technology 149 (2004) 426^431.
40. B Bhattacharyya e J Munda "Experimental investigation into electrochemical micromachining (EMM) process" Journal of Materials Processing Technology, Vol 140, Issue 1-3, 22 Sept 2003, Page 287-291.
41. B.R. Sarkar, B. Doloi, B. Bhattacharyya "Experimental investigation into electrochemical discharge microdrilling on advanced ceramics" International Journal of Manufacturing Technology and Management 2008- Vol.13, No2/3/4 pp. 214-225
42. Indrajit Basak e Amitabha Ghosh "Mechanism of material removal in electrochemical

discharge machining: a theoretical model and experimental verification" Journal of Materials Processing Technology, Vol 71, Issue 3, 23 Nov 1997, Page 350-359.

43. Ming-Chang Jeng, Ji-Liang Doong e Chih-Wen Yang "The effects of carbon content and microstructure on the metal removal rate in electrochemical machining" Journal of Materials Processing Technology, Vol 38, Issue 3, May 1993, Page 527-538.
44. Y. P. Singh, Vijay K. Jain, Prashant Kumar e D. C. Agrawal "Machining piezoelectric (PZT) ceramics using an electrochemical spark machining (ECSM) process" Journal of Materials Processing Technology, Vol 58, Issue 1, 1 March 1996, Page 24-31.
45. A. Manna e B. Bhattacharyya, "Método de eliminação de Taguchi e Gauss: A dual response approach for parametric optimization of CNC wire cut EDM of PRAlSiCMMC", Int. J. Adv. Manuf. Technology (2006) 28: 67-75.
46. V. K. Jain, P. M. Dixit e P. M. Pandey, "On the analysis of the electrochemical spark machining process", Int. J. of Machine Tools & Manufacture 39 (1999) 165-186.
47. M. Schopf, I. Beltrami, M. Boccadoro, D. Kramer e B. Schumacher "ECDM (Electro Chemical Discharge Machining), a New Method for Trueing and Dressing of Metal Bonded Diamond Grinding Tools" CIRP Annals - Manufacturing Technology, Vol 50, Issue 1, 2001, Page 125-128
48. Frank Muller e John Monaghan, "Non-conventional machining of particle reinforced metal matrix composites", J. of Material Processing Technology (118) (2001) 278-285.
49. Paulo Carlos Kaminski, Marcelo Neublum Capuano, "Usinagem de microfuros por máquina de descarga elétrica com penetração convencional", Int. J. of Machine Tools & Manufacture 43 (2003) 1143-1149.
50. K.H. Ho, S.T. Newman, "State of the art electrical discharge machining (EDM)", Int. J. of Machine Tools & Manufacture 43 (2003) 1287-1300.
51. B. Bhattacharyya, J. Munda, M. Malapati, "Advancement in electrochemical micro-machining", Int. J. of Machine Tools & Manufacture 44 (2004) 15771589.
52. W. Y. Peng e Y. S. Liao, "Study of electrochemical discharge machining technology for slicing non-conductive brittle materials", J. of Material Processing Technology (149) (2004) 363-369.
53. J.C.Su, J.Y.Kao, Y.S.Tamg, "Otimização do processo de maquinagem por descarga eléctrica utilizando uma rede neural baseada em AG", Int. J. Adv. Manuf. Technology (2004) 24: 81-90.
54. D. E. Dimla, N.Hopkinson, H.Rothe, "Investigation of complex rapid EDM electrodes for rapid tooling applications", Int. J. Adv. Manuf. Technology (2004) 23: 249-255.
55. H. Ramasawmy, L. Blunt, "3D surface topography assessment of the effect of different electrolytes during electrochemical polishing of EDM surfaces", Int. J. of Machine Tools & Manufacture 42 (2002) 567-574.
56. Yongshun Zhao, Xingquan Zhang, Xianbing Liu, Kazuo Yamazaki, "Geometrical modeling of the linear motor driven electrical discharge machining (EDM) die-sinking process", Int. J. of Machine Tools & Manufacture 44 (2004) 1-9.
57. Grzegorz Skrabalak, Maria Zybura-Skrabalak e Adam Ruszaj "Building of rules base for fuzzy-logic control of the ECDM process" Journal of Materials Processing Technology,

Vol 149, Issue 1-3, 10 de junho de 2004, Página 530-535

58. T. K. K. R. Mediliyegedara, A. K. M. De Silva, D. K. Harrison e J. A. McGeough "An intelligent pulse classification system for electro-chemical discharge machining (ECDM)- a preliminary study" Journal of Materials Processing Technology, Vol 149, Issue 1-3, 10 de junho de 2004, Página 499-503
59. Y. Zhu, H.A. Kishawy, "Influence of alumina particles on the mechanics of machining metal matrix composites", Int. J. of Machine Tools & Manufacture 45 (2005) 389-398
60. R. Wuthrich, V. Fascio, "Machining of non-conducting materials using electrochemical discharge phenomenon- an overview", Int. J. of Machine Tools & Manufacture 45 (2005) 1095-1108.
61. Mohen Sen, H.S. Shan, "A review of electrochemical micro- to micro-hole drilling processes", Int. J. of Machine Tools & Manufacture 45 (2005) 137152.
62. T.K.K.R. Mediliyegedara, A.K.M. De Silva, D.K. Harrison e J.A. McGeough "New developments in the process control of the hybrid electro chemical discharge machining (ECDM) process" Journal of Materials Processing Technology, Vol 167, Issue 2-3, 30 Aug 2005, Page 338-343
63. R Wuthrich, K Fujisaki, Ph Couthy, L A Hof e H Bleuler [39] "Spark assisted chemical engraving (SACE) in microfactory". Journal of Micromechanics and Microengineering, 15 S276-S280(2005)
64. Z.katz, C.J.Tibbles, "Analysis of micro-scale EDM process", Int. J. Adv. Manuf. Technology (2005) 25: 923-928.
65. Hung Sung Liu, Biing hwa Yan, Chien Liang Chen, Fuang Yuan Huang, "Application of micro-EDM combined with high- frequency dither grinding to micro-hole machining" Int. J. of Machine Tools & Manufacture 46 (2006) 8087.
66. T.K.K.R. Mediliyegedara, A.K.M. De Silva, D.K. Harrison, J.A. McGeough "An Artificial Neural Network Approach for Pulse Classification in Electro Chemical Discharge Machining (ECDM) - Designing of Neural Network" International Journal for Manufacturing Science & Technology, Vol 7, No 1. Página 58-67
67. Feng-Tsai Weng, "Electrodischarge machining of a coaxial array of microholes using a graphite-copper electrode" Int. J. Adv. Manuf. Technology (2006) 27: 1097-1100.
68. Yusuf Kesin, H. Selcuk Halkaci, Mevliit Kizil, "An experimental study for determination of the effects of machining parameters on surface roughness in electrical discharge machining (EDM)", Int. J. Adv. Manuf. Technology (2006) 28: 1118-1121.
69. Tsuneo Kurita, Mitsuro Hattori, "A study of EDM and ECM/ECM- lapping complex machining technology", Int. J. of Machine Tools & Manufacture 46 (2006) 1804-1810.
70. Nizar Ben Saah, Farhat Ghanem, Kai's Ben Atig, "Numerical study of thermal aspects of electric discharge machining process", International J. of Machine Tools & Manufacture 46 (2006) 908-911.
71. A. Kulkarni, R. Sharan e G. K. Lal, "An experimental study of discharge mechanism in electrochemical discharge machining", Int. J. of Machine Tools & Manufacture 42 (2002) 1121-1127.
72. R. Wuthrich, L.A.Hof, "The gas film in spark assisted chemical engraving (SACE) - A

key element for micro-machining applications", Int. J. of Machine Tools & Manufacture 46 (2006) 828-835.

73. Dae-Jin Kim, Yoomin Ahn, Seoung-Hwan Lee e Yong-Kweon Kim "Voltage pulse frequency and duty ratio effects in an electrochemical discharge microdrilling process of Pyrex glass" International Journal of Machine Tools and Manufacture, Vol 46, Issue 10, August 2006, Page 1064-1 [40] J.A. Sanchez, L.N. Lopez de Lacalle, A. Lamikiz, U. Bravo, "Study on gap variation in multi-stage planetary EDM", Int. J. of Machine Tools & Manufacture 46 (2006) 1598-1603.067.
74. T.K.K.R. Mediliyegedara, A.K.M. De Silva, D.K. Harrison, J.A. McGeough "An Artificial Neural Network Approach for Pulse Classification in Electro Chemical Discharge Machining (ECDM) - Designing of Neural Network" International Journal for Manufacturing Science & Technology, Vol 7, No 1. Página 58-67.
75. K.L. Bhondwe, Vinod Yadava e G. Kathiresan "Finite element prediction of material removal rate due to electro-chemical spark machining" International Journal of Machine Tools and Manufacture, Vol 46, Issue 14, November 2006, Page 1699-1706
76. J. Marafona, J.A.G. Chousal, "A finite element model of EDM based on the joule effect", International J. of Machine Tools & Manufacture 46 (2006) 595602.
77. Joao Cirilo da Silva Neto, Evaldo Malaquias da Silva e Marcio Bacci da Silva "Intervening variables in electrochemical machining" Journal of Materials Processing Technology, Vol 179, Issue 1-3, 20 Oct 2006, Page 92-96
78. Josko Valentincic, Mihael Junkar, "Detection of the eroding surface in the EDM process based on the current signal in the gap", Int. J. Adv. Manuf. Technology (2007) 28: 294-301.
79. E.S.Lee, S.Y.Back, C.R.Cho, "A study of the characteristics for electrochemical micromachining with ultrashort voltage pulses", Int. J. Adv. Manuf. Technology (2007) 31: 762-769.
80. Dayanand S.Bilgi, V.K.Jain, R.Shekhar, "Hole quality and interelectrode gap dynamics during pulse current electrochemical deep hole drilling", Int. J. Adv. Manuf. Technology (2007) 34: 79-95.
81. Biing Hwa Yan, Kun Ling Wu, "A study on the mirror surface machining by using a micro-energy EDM and the electrophoretic deposition polishing", Int. J. Adv. Manuf. Technology (2007) 34: 96-103.
82. Ching-Tien Lin, Han-Ming Chow, Lieh-Dai Yang, Yuan-Feng Chen, "Feasibility study of microslit EDM machining using pure water", Int. J. Adv. Manuf. Technology (2007) 34: 104-110.
83. S.Keith Hargrove, Duowen Ding, "Determining cutting parameters in wire EDM based on workpiece surface temperature distribution" Int. J. Adv. Manuf. Technology (2007) 34: 295-299.
84. Chih-Wei Chang, Chun-Pao Kuo, "Evaluation of surface roughness in laser- assisted machining of aluminum oxide ceramics with Taguchi method", International J. of Machine Tools & Manufacture 47 (2007) 141-147.

Printed by Books on Demand GmbH, Norderstedt / Germany